U0318604

small garden 小庭院

家居小空间园艺设计方案

中国 · 武汉

图书在版编目（CIP）数据

小庭院：家居小空间园艺设计方案 /（英）约翰·布鲁克斯（John Brooks）著；丁洁译. — 武汉：华中科技大学出版社，2018.6

ISBN 978-7-5680-4005-1

Ⅰ.①小… Ⅱ.①约… ②丁… Ⅲ.①庭院－园林设计 Ⅳ.①TU986.2

中国版本图书馆CIP数据核字（2018）第084271号

小庭院：家居小空间园艺设计方案

XiaoTingyuan Jiaju Xiao Kongjian Yuanyi Sheji Fang'an

（英）约翰·布鲁克斯 / 著　丁洁 / 译

出版发行：华中科技大学出版社（中国·武汉）
电话：（027）81321913
武汉市东湖新技术开发区华工科技园
邮编：430223

出 版 人：阮海洪

责任编辑：莽　昱　张丹妮　　责任监印：郑红红
封面设计：秋　鸿

制　　作：北京博逸文化传媒有限公司
印　　刷：鹤山雅图仕印刷有限公司
开　　本：889mm × 1194mm　1/16
印　　张：21.5
字　　数：80千字
版　　次：2018年6月第1版第1次印刷
定　　价：168.00元

（英）约翰·布鲁克斯 著　丁洁 译

small garden 小庭院

家居小空间园艺设计方案

目录

前言

本书来源于1989年出版的《小庭院》一书，后者当年初版后就激发了人们对园艺设计的浓厚兴趣。园艺设计师的人数急剧增加，在媒体和世界各地的展览作品中，展示的园林设计成果，比以往任何时候都要多。我相信我在“户外空间”方面的工作对此是有助益的。看着人们对室外设计的兴趣从园艺学中独立出来，是件令人兴奋的事。

虽然风格已有变化，材料也已更新换代，我仍然可以很高兴地说，我在1989年提出的大部分想法在今天看来依然很有用。审阅、挑选并展示新的案例和插图是件令人享受的事情，但“以人为本”依旧是设计园林时的共通之处——园林设计的对象是人们所需、所处的空间。我们或许已经有了新的视觉品味，在旅行中产生了更多的创意，我们或许更偏好不太丰富的造型，对于如何创造效果也有了更好的想法，但是对于如何充分利用你的小空间，其基本规则是一贯不变的。希望《小庭院》一书能帮你做到这一点。

约翰·布鲁克斯

MBE（英国员佐勋章获得者）

我的室外景观

图为在我家厨房外沿平台上，
一小片沙砾地面种着的春季绿植。

起居室

如果你有一处室外空间，
无论多小，无论是在市区、郊外还是乡村，
都可以通过设计和风格的运用将其转变成赏心悦目的实用空间。

小台地园林

图为一个非常简单、实用的小台地园林设计。各种造型的搭配营造出了舒适的氛围。

空间是一种宝贵的商品。在城市里，空间如此有限并且昂贵，享受你拥有的每一寸空间都是有意义的。诸如窗台、屋顶、阳台或者半地下庭院之类的户外空间，都可以利用起来，不失为一种有趣且有格调的拓展室内空间的方法。

提起“花园”一词，很多人脑海中浮现的都是草坪、绿化带、土壤、修枝剪、护根、肥料，以及园艺种植技法的各种细节。当面对一个小空间时，我们往往会在其中填满各种属于大园林的传统园艺元素，只不过缩小规模而已。

为了充分利用小空间，我们需要先摒弃对于园林本质的先入为主的观念，比如园林应该在什么位置、园林里应该有或者不应该有哪些东西等等。园林存在的目的首先是为了人们，而非植物。

综合运用各种设计元素和技巧可以构建出有视觉冲击力的效果。你的花园里可能有雕塑，一些水景，以及很少的绿植——夜晚上灯之后的效果可以很梦幻。或者相反地，花园里充满了大量植物，构成了一个微小都市空间里的密集丛林，不仅能舒缓周围环境带来的压力，而且照料的过程本身也是一种疗愈。

想要将你的小空间在视觉和功用方面的潜能发挥出来，其关键在于设计——依据你生活的方式、家庭风格及其周遭环境，对你的空间进行规划和布置。

“空间弥足珍贵……
理应物尽其用。”

傍晚的天堂（右）

在炎热的傍晚，花园的气氛渐入佳境，潺潺的水声让人卸下一天的疲惫，微弱的灯光下，夜色显得愈加静谧

四季的享受
这里气候温和，采用可推开或者滑动的窗户使主人得以在全年任何时候都能感受花园的乐趣。

户外居室

哪怕是仅有的一点点户外空间，或者是与大自然仅有的一点点视觉联系，其重要性都不可低估。一个小花园，无论是在阳台、屋顶，还是露台上，都是你逃离都市压力的避难所。你可以把你的户外空间看作是家的延伸，是一个可以吃饭、读书、赏景、看孩子嬉笑打闹的户外居室。为户外生活打造出合意的背景，其诀窍在于首先得问自己想要一个什么样的“房间”，然后带着这个明确的目的进行布置，营造出让自己舒适的小天地。

在地中海气候或者热带气候中打造出惬意的户外居室显然是比较容易的，但倘若能在一个偏北方的气候中细心捕捉并享用到每一分钟的光线与温暖，就会带来一种特别的满足感。不过单有太阳并不足以打造舒适的户外空间。我们能通过各种方式使户外空间变得舒适怡人。在没有太阳的时候，我们可以把风和干燥的影响降到最低，将不好看的景观隐蔽起来，打造私密空间，合理运用色彩，这些方式都能使空间更加吸引人。

放松（左下）
带有壁炉的花园凉亭，线性布局使之成为一个可以放松的去处。

派对空间（下）
在园林中再设置一个派对用的吧台，有何不可？

“将户外空间当做家的延伸”

“室内外的空间设计和风格
一定不能互相独立开来。”

在室内享受园景

夏日里集中精力打造好户外空间，在其他需要待在室内的季节里也别浪费了园景的作用。也就是说，要确保你的户外园林对于室内来说也是一道风景。你需要考虑透过窗户看到的园景（不仅仅是在有光照的白天）是什么样子，这扇窗户可能正对着你的厨房操作台，或位于走廊尽头，或是对着你最喜爱的起居室座椅。

小空间设计

因为小空间的设计更加贴近室内设计的范畴，所以将你的花园想象成一个房间，可以使园林规划看上去更加贴近生活。先决定好你需要在空间里放置些什么，然后进行大胆而简单的设计。小空间弥足珍贵，室内外的空间设计和风格一定不能互相独立开来。如果二者形成互补的关系，有限的室内居住空间就可以得到户外园景的滋润；反过来，即使园林空间紧凑，只要与其所傍的建筑相得益彰，看上去也不会显得狭小。

露台座椅（左页）
坐在露台木板的边缘，正好可以使用桌子的一边用餐。

用餐空间（下）
从屋里向下望这个小小的用餐空间，可以看到露台地面用木板铺就，露台周围绿植环绕，营造出私密感。

东方风情（左）
吃饭的时候有个大兄弟在边上看着感觉如何？这个布置不仅带来了东方风韵，而且从室内看过去非常引人注目。

连接室内外

那么如何把室内外空间和谐地联系起来呢？第一步就是要将花园和相连的房间结合起来看作一个整体，并从这个角度入手实现室内和室外的空间转换。如果你能平衡二者的规模比重，那么离达到理想效果就不远了。接下来通过布置户外空间强化这种联系。对于大多数人来说，园林设计是从属于室内设计的，因此最佳的方法就是先从室内往室外观察。

空间流动（右）
打开门就可以进入花园，实现了空间上的轻松转换。

玻璃屋（下）
在四周玻璃幕墙中间放置餐桌，犹如身处室外。

“让内外之间相互联动。”

哪种风格?

问自己一个问题：你所在房间的装修风格是有时代感的还是当代的？如果是当代的，那么使用的材料是简约木板和玻璃，还是自然材质？在分析室内设计之后，向外观察花园，并思考如何在户外应用同样的设计风格；如果是有时代感的，那么可以在园林设计中采用具有同一时代特征的物件，比如可以用长条石凳或者看上去比较豪华的喷泉等。

强化联系

现在考虑色彩。在较为简单的背景色下，能否找到一种出挑的配色方案呢？房间是否足够温和，能够对室外靓丽的色彩起到中和的作用？室内用的地面铺设能否应用于室外空间？如果不能，那么就要找能延续室内地面感觉的室外路面材料。然后选择能够进一步烘托氛围的摆件。不过也别把这些准则当作紧箍咒。没有人会评估你的花园是否完全符合历史细节。毕竟这只是让你实现自己的奇思妙想并享受成果的地方。

1 **玻璃和灯光**
看男主人在他的小绿洲上有多么惬意！为了最大限度地利用小花园，无论白天黑夜，无论春夏秋冬，那就要尽可能多地装配可以透光的玻璃。夜晚的灯光效果可以将小花园转变为一个像模像样的额外房间。这个房间还有屋顶，在一年中的大多数月份里都能被使用。

2 **绿植**
冒着占用过多宝贵空间的风险，园子里栽种了非常多的灌木，且多是常青灌木。别担心花朵的颜色问题，这暂时还不需要考虑。不过在有限的空间里，香味是非常重要的。

3 家具

玻璃桌面搭配着有趣的台基和轻巧透气的椅子，在园林里并不显得突兀。这一搭配显然也与室内装修遥相呼应。

4 竹林

无处不在的竹子形成了一片常青绿植，没有厚重感却能带来些许荫凉。可以考虑栽种观赏品种的竹子，比如有着优雅弧线的神农箭竹。

5 地面覆盖

简单地覆盖一下土壤可以保持湿度。除非有系统灌溉，这种都市里的小土地能接收的雨水量有限，会变得非常干燥。一般情况下用小长春花。我个人也喜欢宝盖草属植物。

花园，什么花园？

你可能想说，之前的方法对于有围墙的小庭院都挺适用，但是那些小通道旁的边角空间、采光不佳的天井、窗台外延等无法被称之为花园、没法作为露天房间的空间怎么办呢？虽然你不能用传统方式将其打造为花园，但是改进这些空间却是完全没有问题的。这一类空间本身往往没什么吸引人之处，被人忽视之后更是逐渐变得黑暗、阴冷、潮湿，尤其是那些地下的角落。或许地下室外昏暗的几步台阶就是你仅有的室外空间。与其任由这些地方成为周遭环境中的败笔，不如将其转变为你的资产——让行走在其间、从室内往外看、从街边路过时都成为一种愉悦的享受。有很多方法能够为缺乏吸引力的空间赋予生机和活力。绿植为其中之一，不过这不应当成为脑海中浮现出的首选方案。可以考虑用一点点绘画来装饰：用鲜亮的色彩、画一点花纹，或甚至是用立体画（见第67页）。同时还要改善地板和灯光条件。图纸上看起来很小的剩余空间往往囿于高墙之内，那么就可以采用“降低天花板”的方法。藤架横梁会降低空间的光亮度，但是伸展的绳索或电线就轻快多了，而且你能让藤蔓植物蜿蜒其上，从而营造出适意的空间，虽然很小，但也足以傍晚时分在其间小酌一杯、远离外界纷扰了。

“有很多方法能够为缺乏吸引力的空间赋予生机和活力。”

休闲的空间（对页）
通过对色彩和自然材质的精心选用，小小的后院也能转变为休闲的好去处。

不是花园（左）
哪怕再小的空间都能利用起来——秘诀是不要将它当做花园。

丛林的困扰（下）
小空间如果被打造成园林，那么很快就会变成一个丛林。

垂直空间（右下）
将花草栽种在垂直的墙面上，能够为地面让出更多活动的空间，同时在眼平的高度也多了几分视觉享受。

门口的台阶及窗外的花园

门和窗将我们与户外世界连接起来，但门窗的装饰潜力却常常被人忽视。窗台外延的几个小陶罐，以及有颜色的窗框，都可以打破室内外的空间障碍，从而在视觉上延展房间的空间。如果你住在顶层，可以将窗框装饰成树冠的样子——没有花园，那就借一个。成功装扮犄角旮旯小空间的秘诀并非是廉价的花园用品，而是要把它当作一个剧场，用道具、幻觉和光影色彩等各种元素创造出一个生动活泼的场所。

适用于“非花园”空间的创意

以下是我对连栋房屋装饰的一个设想，这个房屋包括地下室(办公室)、一个小庭院，一楼有客厅和厨房，其中厨房有通往户外的门，二层为起居室，往上为卧室，可能还有个屋顶花园。

1 大门
沿着灰泥墙上的装饰线一直延伸到砖墙布线，作为植物的支撑，达到环绕式效果，可以降低砖墙的压迫感。

2 花槽
木质花槽中有排水及防水系统，这样就不会使墙壁受潮。

3 地下室
地下室外铺设地板，以搭配大门外的地面材质。放好绿树后，从路边往地下室看时，可以增加一些景致。

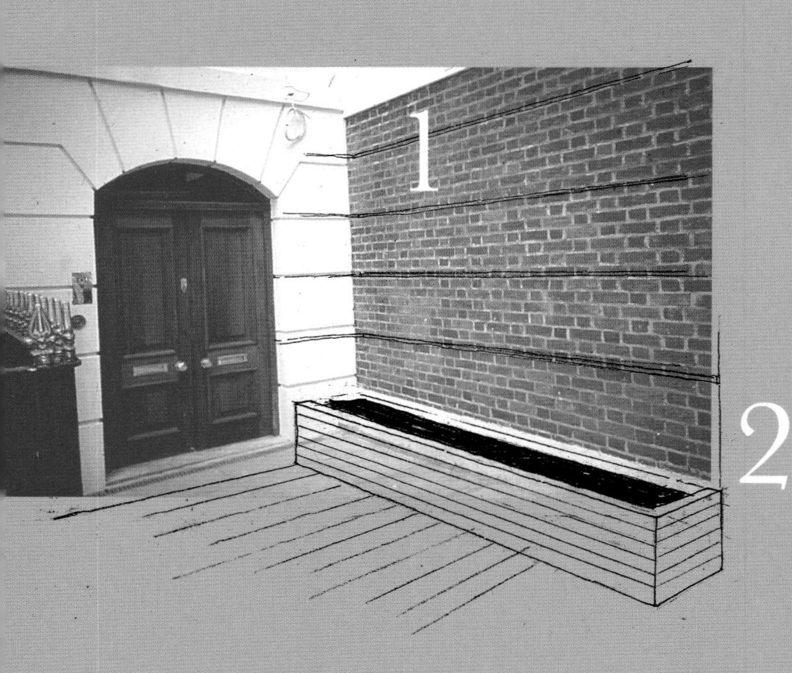

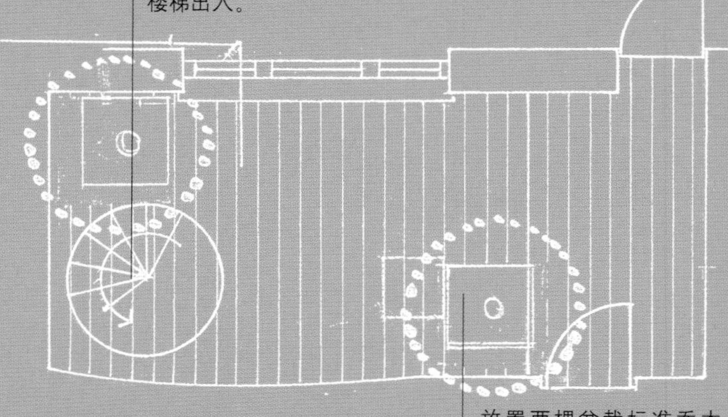

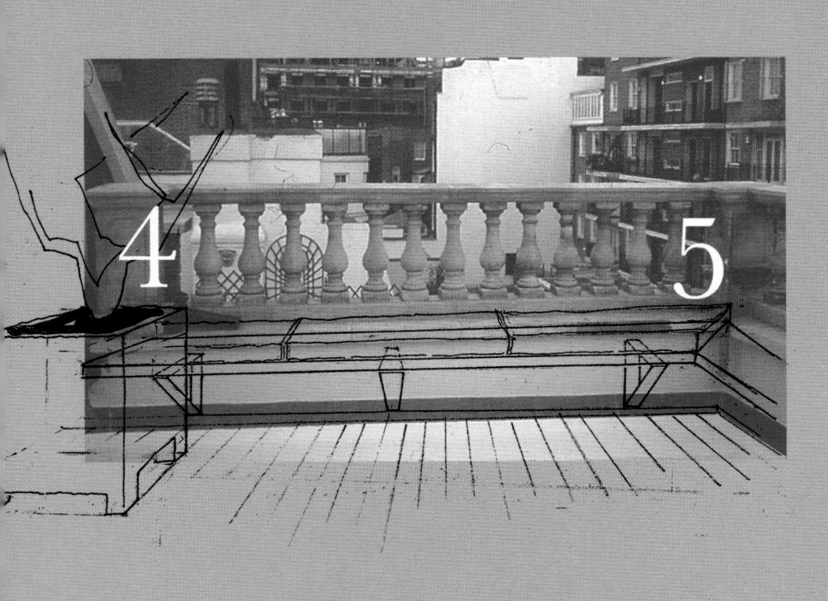

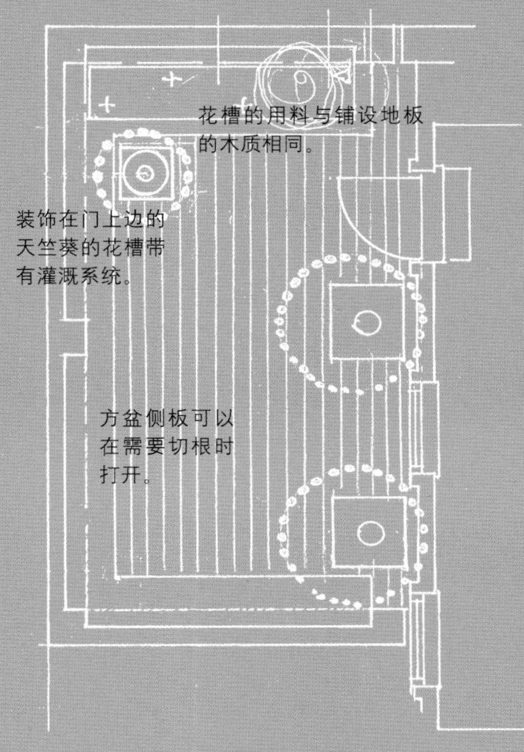

4 屋顶花园

屋顶花园铺设的是斑驳的蓝色木质地板。两个玻璃纤维方盆中栽种着橄榄树。

5 长凳座椅

嵌入式长凳座椅上覆盖着深蓝色帆布坐垫，可以再放一张桌子。

6 屋顶花槽

这个花槽里种着海桐花以打造私密感，花枝蔓延的蓝花丹，可以盛开一个夏天。

7 装饰在门上边的花槽

在屋顶花园入口的上方，种着茂密的常春藤和天竺葵，饱满而多花。这样花园就可以抵御刺骨的寒风了。

改造前

（左上）原有的打磨燧石墙位于花园的一侧。

（右上）砖石农舍后视图，排水管道很不美观。

（左下）原本从厨房通往花园的小道狭长拥挤。

（右下）横贯花园上方的建筑是当做冷冻库和洗衣房的杂物间。

改造

这个花园地处英格兰南部，位于一座19世纪砖石农舍后面的小坡上。坡顶有一个瑞士农舍般的大木头房子，那是深度冷冻库和洗衣房。这是生活所必需的，可是如何让它变美呢？看起来关键在于要将视线从洗衣房引开，因此我需要创造一个引人注目的视觉焦点。曲面翼墙能够强化视觉效果，但目前通往花园座席区的台阶实在简陋。只要改变这一点，台阶就可以转变角色，为在花园里休闲小憩提供美丽的环境，台阶上也可以摆放装着各种小玩意儿的陶罐——即花园的背景幕布。

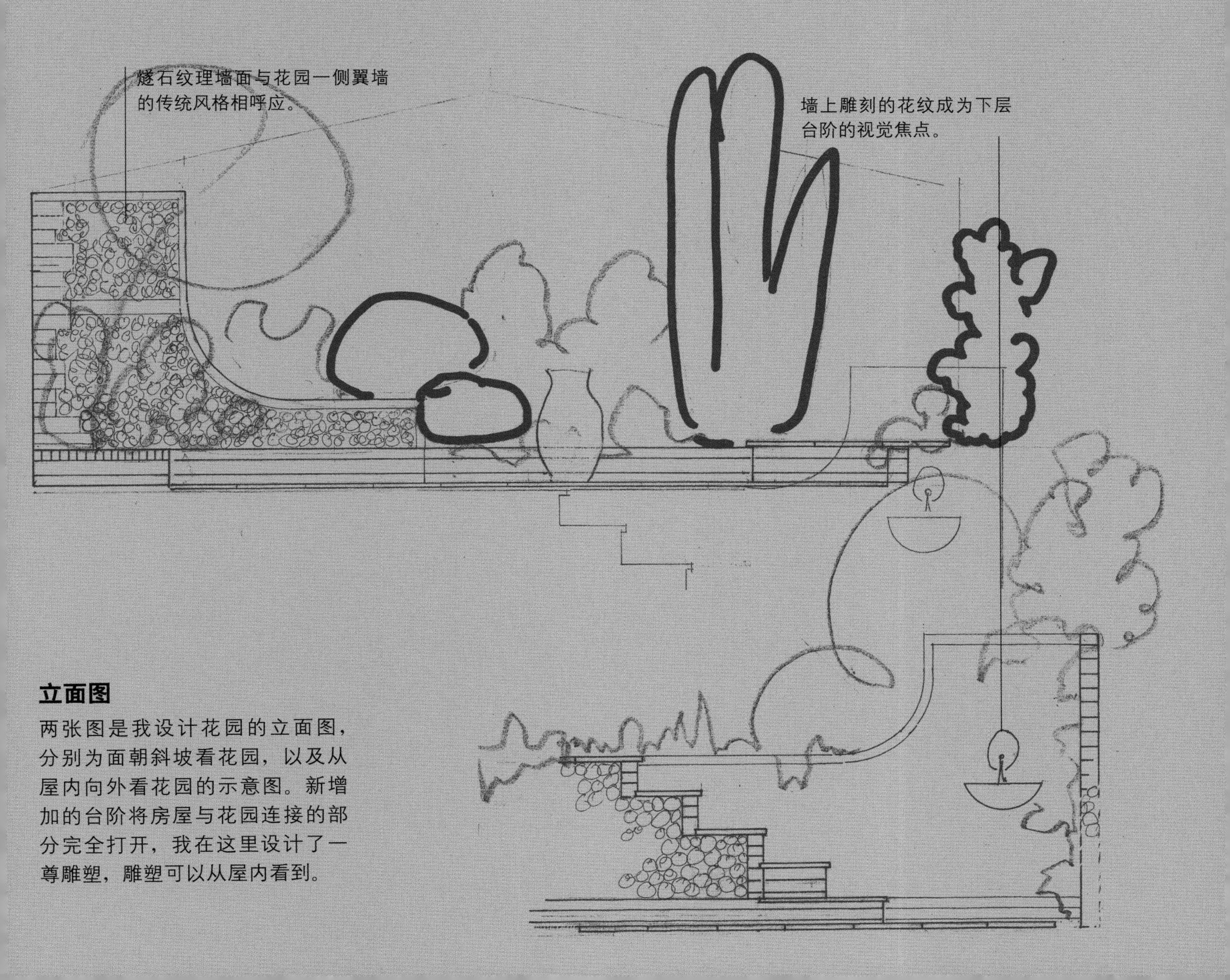

立面图

两张图是我设计花园的立面图，分别为面朝斜坡看花园，以及从屋内向外看花园的示意图。新增加的台阶将房屋与花园连接的部分完全打开，我在这里设计了一尊雕塑，雕塑可以从屋内看到。

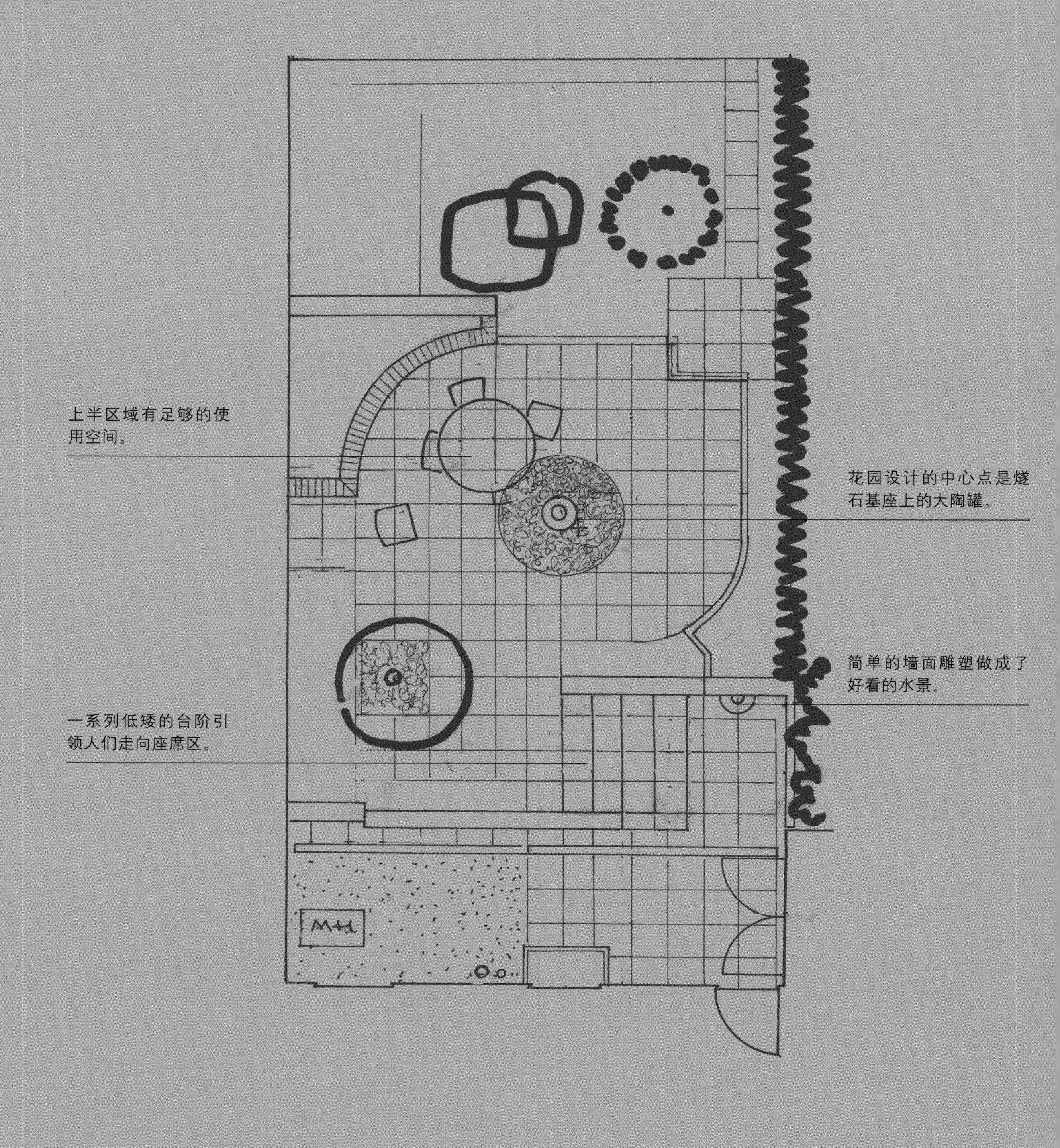

上半区域有足够的使用空间。

花园设计的中心点是燧石基座上的大陶罐。

简单的墙面雕塑做成了好看的水景。

一系列低矮的台阶引领人们走向座席区。

设计

整体布局必需以铺路板的尺寸为基准，尽量减少切割。打造花园结构费钱的不是材料，而是它需要的人工。燧石墙已经占用了不少工作量，因此其他部分必须少费人工。另一个需牢记的重点是，花园是一个讲究实用的地方，而且业主也要求留出栽种的空间。最后必须要考虑到，这个案例中的花园是一进房屋大门就能看到的。

另一个增加建造费用的因素是所有的材料只能通过房屋运送到花园，这儿没有其他的通道。

建造

首先进行的工作是清理平台，除去累积下来的陈年垃圾，比如老瓦罐、鸟喂食器、破旧的藤条等。然后在地上划界向客户展示设计，并取得客户的同意，因为仅凭图纸往往说不清楚。接下来就是地面找平、铲去草坪、开始挖掘，将所有的表层土留存备用，无论是否贫瘠(土壤可以复肥)。底土和碎石则通过手推车运出房屋。

水平面逐渐成型，挖好地基，铺好水泥，建好隔墙。终于可以铺地板了。最开始选择的那些材料不一定全都好看，但是完工后还是能出效果——展示出了燧石的蓝色。最后是从房屋到花园的几步台阶，完美收工。

细节（右，自上而下）
上层的翼墙是红砖砌边的燧石面墙，下层的墙被进行了粉刷。大陶罐位于一圈燧石中间，燧石露出的是经过“敲打”切削后的平面。平台和台阶地面用的是带青色的预制水泥板，与燧石正好搭配起来——请留心步道地板是覆盖在砖石矮墙之上的。

栽种

人们总是急匆匆地完成这个步骤，难免会有些急于求成，以至于在修整之前花园就已经完工。本案例中，我们在设计施工中不得不绕开原有的几株零星的植物，同时还需要考虑到在石灰质的土壤中能够引入什么新的植物。引入之前，首先要把各个花坛里的培土都堆平，重复利用之前留存的表层土，施上有机肥以改善其储水能力。这种小花园里土质过于钙化，很容易透水，一旦有遮挡又容易过热。

本案例中我选择的都是容易出效果的植物，并且植株间距离较近，看起来更加茂密。百合一直都是我最喜欢的植物。在开花的时候种下，立即就能带来梦幻般的效果。玫瑰可以遮挡墙根，石竹花可以平添许多芬芳。

栽种的空间

（左下）我将挡土矮墙的墙角做了圆弧处理，在圆弧处进行栽种，按计划，圆弧挡土墙也能作为临时的坐凳。

（右下）台阶上摆放着各种用瓦罐盛着的盆栽。

A 二株地中海荚蒾

B 二株粉叶玉簪

C 原有的卫矛

D 原有的针叶树

E 一株“格拉斯奈文”茄属植物

F 一株十月樱

G 百合

H 一株几内亚月季

I 三株火炬花

J 三株银蒿

K 一株“加里特”海桐

L 一株“西班牙美女”月季

M 一株常青藤

N 一株金边埃比胡颓子

O 二株山冬青

P 一株迷迭香

Q 原有的梨树

R 三株紫叶珊瑚钟

S 二株银旋花

T 一株秃序海桐

U 一株互叶醉鱼草

V 四株长阶花

W 一株蓝茉莉

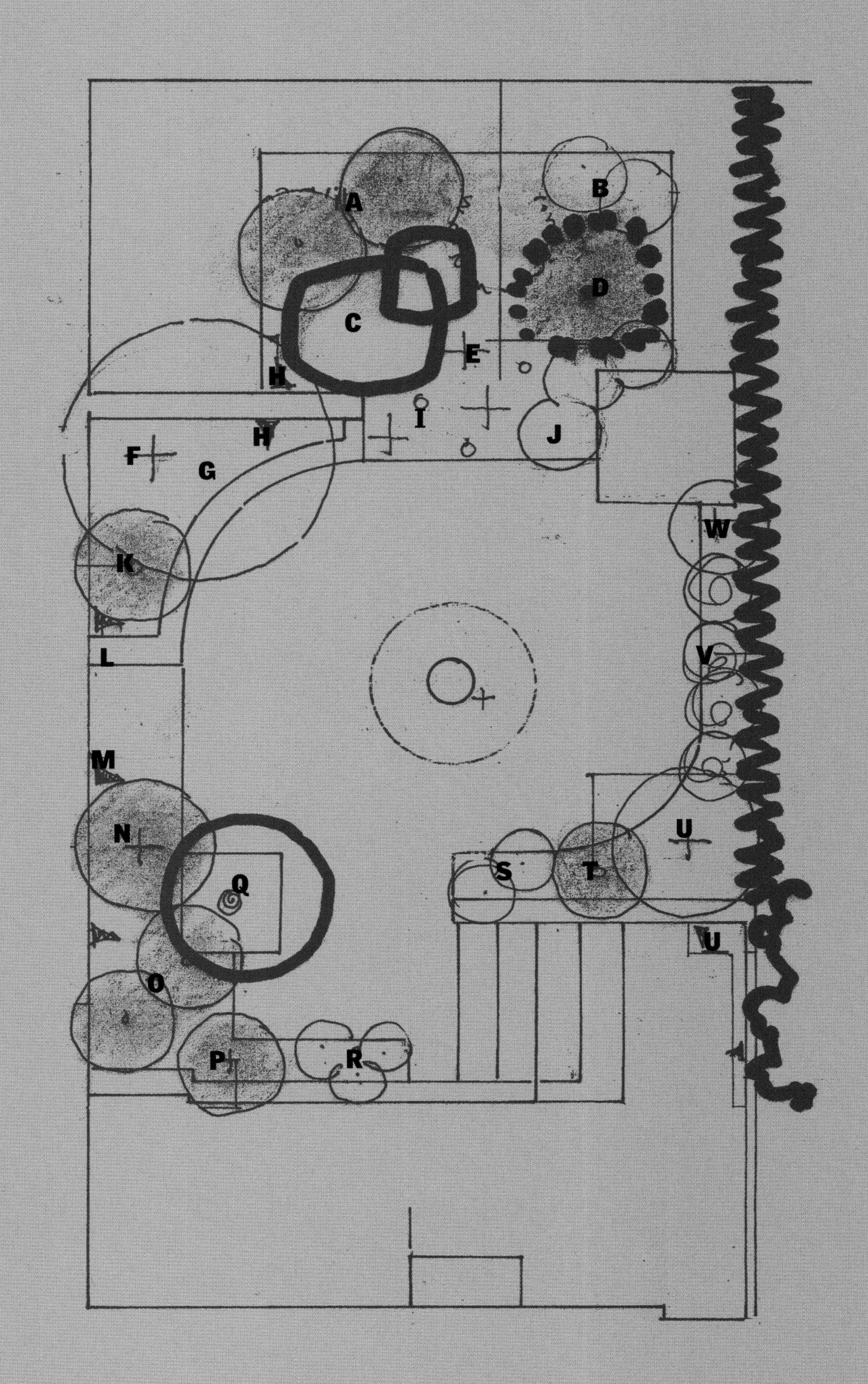

完工后的花园

非燧石面的几面墙都被粉刷成白色，提亮了整个空间。从房屋大门处能穿过房屋看到这面小小的圆弧翼墙，其上有一个黑色陶土雕塑。我喜欢这种简洁而不造作的感觉。

我们选用了简单的木质家具，随着岁月流逝，放置在户外的这些桌椅会增添一抹银色。抱枕的亮柠檬色让整个空间显得更轻盈。

我们将花园坡顶瑞士农舍般的大房子刷成暗色，并且提供了多种视觉替代物：座椅、大陶罐、喷泉，这样一来，你基本就不会去注意最后面的大房子了。

我尽量减少新增的小瓦罐盆栽的数量，台阶上仅有的几盆草植，也都放在靠近厨房的一侧。

墙面装饰（对页）
墙面喷泉的设计简单而又非常有效果。自循环水泵位于喷泉水槽中，将水泵至墙后的水管中并从墙面的开口中流出来。

完工后的花园（下）
完工后的效果。桌椅摆放的位置正位于原先栽种的梨树树荫中。

风格

再小的花园也应当有风格——

一种与你和你的生活方式、家庭、周围环境相匹配的风格。

别墅花园（右）

虽然经典英式乡村风格不断演变，但在其周围的传统氛围中仍然是最令人愉悦的。

风格设计的空间

“风格”是个有挑逗意味的词，它能让人联想到无数的场景，从人物、地点到车辆、服饰。如果花园里出现的形状和纹理都布置得很美观，能清晰地体现出设计意图，那么我就认为这是个有风格的花园。虽然有些风格可能不合你的口味，但它们展现出的明确的视觉连贯性仍然能够让你承认它们很“有型”。当然在面对自己的小空间时，你还需要考虑许多现实问题，比如所处的地点、四周边界的情况、室内装修的风格，尤其是你自己希望如何使用这部分空间。那么如何将抽象的“风格”概念付诸实践呢？

诀窍就是将花园中的每一个元素——无论是墙壁、家具、台阶，还是一盆绿植——都看作是单一设计的一部分。永远牢记各个元素之间在颜色、形状、纹理、用途方面的关联性。如果你思考的方法是在这里放一张床、在那里放一丛灌木，加上各种欠考量的零零碎碎，那么最终得到的结果在我看来就是毫无风格可言的大杂烩，而且会让你的空间显得狭小。成功的小花园，无论是在地面、阳台还是屋顶，都会是将各方面大大小小的元素妥善搭配起来的。千万别让花园的尺寸限制了你的设计。大胆干一场，设计出风格来！

装饰性的雅致风（上）
此处简洁的风格包括了用修剪成型的篱笆和欧椴树围绕起来的两个户外房间。画面前景中随意栽种着的是百子莲。

“将每一个元素都看作是单一设计中的一部分。”

现代正式风格

这个朴素极简凉亭内摆放着家具，正对着庭院里高出地面的水池，水纹在绿叶轻柔的掩映下微微反光。树木层层叠叠的枝丫弱化了庭院的正式感。

什么造就了风格？

将风格注入小花园的秘诀是了解造型的本质。就像这几页展示的图片一样，别墅花园风（以这种非常流行的风格为例）也有着诸多不同的表现方式。布置出这种风格并没有什么规范或者巧妙的法则可以遵循，其诀窍在敏感地注意花园全景以及各个细节如何与之相匹配。

当代别墅风格（上）
别墅花园里掺杂着来自草原和牧场的各种植物，于是全新的栽种技术应运而生。各种形态和颜色混杂出了马赛克的效果，所有植物种植都在沙砾地面里。沙砾作为土壤覆盖物可以保持湿度。

“将少数几种有特色的元素有效地组合起来。”

读懂风格的标志物

经典的别墅花园都有独特的元素：一是在门周围的墙上漫不经心地布置着温馨的田园玫瑰，二是将各种植物栽种得如同在乡间一样随意。很多园艺布置师试图模仿这种风格，但往往会迷失目标，最终得到一丛植物大杂烩。这是因为乡间植物的这种“杂乱”看似轻松惬意，实则需要仔细控制，这种布置依赖的是强有力的设计方案。在一个真正的别墅花园里，墙面、木头上的油漆、屋顶等地方的颜色，以及砖头、泥土或者石头的材料特质都是非常显著的。温和柔软的大丛植物则叠加在这些强势的结构元素上。无论是在英国德文郡或是在美国纽约长岛，别墅花园风都是用坚硬材料的形状、纹理、颜色辅以柔软的植物组合而成的。采用当地的建筑材料、工艺品和本地植物可以打造出独特的个性，但是这种风格的标志物是不变的。

传统都市风（左上）
这个别墅花园采用的是偏传统的都市风格，周围一层层地环绕着茂密的灌木、常绿和鳞茎植物。

杂乱艺术风（左）
无论别墅花园是大是小，简单地将种在花篮里的各种植物堆放在一起，就能增添一份成就感。

风格的表达

你可以从某种风格中提炼出其精华，并在你的小花园里将其展现出来，从而轻松地给司空见惯的风景带来有趣的变化，比如用蔬菜点缀花园，或者增加一个轻快小巧的雕塑。如果你的空间十分有限，不妨将少数几种特色鲜明的元素有效地组合起来。比如在一些色彩亮丽的圆筒花盆里种植丝兰可以带来高科技的感觉，或者用布满苔藓的石头雕塑打造出古典园林的风格。

1 **软绿植**
这个花园给人以一种现代日式的感觉，将通向花园的门全部敞开时尤为明显。带来这种感觉的是这一丛常绿的竹林。

2 **地面图案**
用花岗岩筑起的现代阿米巴形的孤岛花坛，种上草植，构成了地面图案。

3 视觉焦点

石板桥横跨浅水池，池中栽种着茂密的芦苇和灯芯草。

4 颜色和纹理

石板桥的视觉效果用庭院中的桌面加以复制，这招很不错。百子莲和绣球花的盆栽为这个场景增添了一抹色彩。

5 水景

如果家中有孩子，请注意：再浅的水都有发生危险的可能，尽管水面是鸟类的心头好。类似的效果还可以通过卵石铺成模拟小溪来达到，需要用较大的鹅卵石。然后在较高处设置一个给鸟儿用的水源。

不同国家的特色园林风格

各个国家的花园都有着鲜明的特色，比如：意大利、法国、西班牙、印度、日本、英国，还有中欧风格。此外美式的园林，还可以粗略划分为东海岸、西海岸、南方、沙漠以及牧场风格。通过了解各类风格的历史演化，你就会明白该如何为户外空间赋予其独特的风格。

日式（对页）
日式园林的一个特点就是宁静。日式园林是用来欣赏和凝视的。设计的意图是捕捉植物和石头之间自然联系的精髓。

地中海式（上）
另一方面，地中海式的花园是用来使用的。人们漫步其间，享受凉快的树荫和来自岩蔷薇、迷迭香以及松树树脂的芳香。这样的花园一般比较炎热干燥。

伊斯兰式

伊斯兰园林是用来欣赏和聆听的。地砖花纹很重要，物理防护也很重要。潺潺水声和简单的植物造型使整体结构柔和起来。

沙漠式

沙漠园林展示的是能够在贫瘠的、而且往往是沙化的土地里生存下来的植物之间的强烈对比。沙漠植物进化出了能够大量储水的外形，并且能够防御饥饿的沙漠生物和鸟类。

建筑和生活方式的倒影

世界各地的园林特征都与当地的生活方式和建筑息息相关。周遭建筑的规模和形态往往能够给园林赋予特色——低矮平房提供了开阔的视野，高耸的大厦则提供了私密感。建筑风格经常在其园林的细节和整体布局中得到呼应。当然，选用材料的色彩和纹理本身也是园林效果的固有组成部分。除了呼应建筑风格，园林也体现了各地生活和传统方面的差异。举个例子，日式园林设计中包含了宗教意味；而北非园林除了提供炎热气候中的凉爽小憩之所，还带有传统伊斯兰式的几何及图案元素。

勇敢新世界

在这些对比强烈的花园里，建筑风格和园林布局都非常现代，而选用的当地植物则拥有鲜明的外形特色，对于用直线勾勒边角的布局起到了很好的缓和补充作用。

自然现象的影响

通常原生植被能给人留下最深刻的印象。针叶树和白桦树能立刻让我们联想到寒冷的气候；棕榈树和柑橘树则让人联想到炎热而干旱的地区。除植被外，最有影响力的因素就是当地的光照条件了。烈日高悬下的投影边界清晰且阴影更深；而柔和光线中我们更能感受到阳光带来的暖意。在极点附近，靠近地平线的微弱阳光会投射出长长的影子。

“民族”风格

我用“民族”风格这个词宽泛地代指那些完全来自于当地特色的园林风格，这种风格源自当地建筑、植物和文物，而不是有意识地设计出来的。沙漠风格即其中一种。非洲花园的特色来自平坦的红土、当地的陶罐和坚韧的植物。在拉贾斯坦邦和墨西哥也有类似的花园。此外在非洲的一些地区以及加勒比地区，还有一种热带风格的园林。

“园林的特征与当地的建筑风格息息相关。”

西式风格

在西方，不同的园林风格与其产生的历史时期和地点有关。17世纪时，欧洲园林的正式布局是从古典建筑逻辑延伸出来的。因此，一个正式的意大利园林拥有其独特的17世纪年代感。18世纪时，中式园林自然而抽象的构造开始吸引欧洲人的目光。在糅合了日益宽泛的建筑风格和洛可可风格的不对称性后，一种更为有机而散漫的园林风格逐渐成型。我们在19世纪规模较小的花园里就能看到正式风格与松散造型的结合。在众多当代风格中，加州户外生活风格是与19世纪50年代后期联系起来的，而野花或者草原风格对应的则是19世纪80年代。

虽然统一的风格能够产生更强烈的效果，但我们也可以在一定程度上组合运用不同风格的园林元素，打造出不错的效果。在随后的内容中，你可以发现，有时候这种方法有助于形成你的个人风格。

1 **草坪**
在这个19世纪美国殖民地风格的花园中，入口处的草坪给人以英式别墅风格园林的感觉。

2 **茶玫瑰**
玫瑰曾经是每个花园里的必备之物。现在这种杂交茶玫瑰已经让位给容易维护的灌木玫瑰了。

3 **攀缘玫瑰**

攀缘玫瑰和蔓生玫瑰一直广受欢迎。

4 **黄杨树篱**

英国花匠从法国借鉴习得黄杨树篱这一概念，并用在自己的花园里，不过这种形式早在古罗马时期就已经广泛存在。黄杨树仅仅需要少量的修剪，就可以使小空间显得整洁起来。

5 **沙砾**

在小空间里，用沙砾铺路、用木材框边，看上去整齐而干净。先用碎石铺设路基，再浅浅地铺上一层当地取材的沙砾，这样可以大大降低成本。

你的生活方式是什么样的？

面对各式各样的园林风格，很难选择哪一个最适合打造你的小空间。同样，在勘察场地时，你也很难想象如何将它改造成时尚的花园。这时，通过观察自己的个人风格、所居住的建筑风格，就可以找到正确的方向。

个性化装饰（左）
花园中的家具应能反映你的个人风格和个性，并且与花园空间的用途相匹配。

中心造型（左下）
地面用水射流切割而成的威尔士石板和奥普达尔石英石搭配铺设，将视线引导至小空间的中心。边上设置了一个小喷泉，以及尽可能少的座椅，看上去布置得毫不费力。

在室外诠释个人风格

为你的花园寻求一种适合你个性的室外风格，应该像你的衣服或者起居室一样，应当是一种个人品味的表达。你追求的可以是某种鲜明的风格，抑或是令人放松的混搭风。举个例子，一对法国都市夫妻可能会觉得难以掌控英式园林随意的风格，讨厌其中明显的凌乱感；而与此同时，喜欢这种园林风格的人反而会觉得，在典型的法式园林里，精心修剪出的经典秩序感过于规范、过于拘束。

你的花园设计也应该贴合你的生活方式。问问自己有多少时间，或者愿意花费多少时间来照顾植物吧。如果你种植技能高超而且喜欢打理植物，那就给自己提供大量的绿植，为自己的园艺设备腾出空间，并且准备一张桌子用来种盆栽。反之，如果你日程繁忙无暇顾及园艺，或者常常不在家，你就更适合一个仅需少量维护工作的花园。此类花园倚重其纹理和结构的色彩，可以用一些诸如错视图、雕塑、大盆栽之类的物品增加亮点。

“花园的设计应该贴合你的生活方式。”

与世隔绝

繁茂枝叶间的一角，绿色花园也能成为避世之所。

利用你的空间

你应当想好如何使用你的空间。比如，你是否喜欢在户外活动，希望有桌椅、能烧烤，有地方给孩子玩、给狗狗奔跑？装扮并尽量利用好室外空间有很多方法。比如，如果你的空间白天不太用得着、但能接受到一些日照，那么种上百合之类的香气植物，就很适合在傍晚在其中小憩；如果你的空间在都市的屋顶，有充足的日照和不羁的狂风，那就不妨学一学这里的布置，给自己些许庇护，还有几分私密感。

观察建筑

我们居住的地方充斥着各类建筑物，从多种多样的独栋或连栋房屋，到大大小小的公寓楼和郊区别墅。你家的建筑风格或许已经影响到你的家装和家具选择，那么花园也一样。无论花园空间是大是小，无论选材是石头、水泥还是砖头，我们都可以通过花园布局的线条和造型来表达出每一种建筑风格。然后通过摆放盆栽、布置家具对风格做进一步的阐释，用植物使整体效果更加柔和。你可以为花园里的每个细节选用最纯正的风格和最贴近历史的物品，也可以仅仅简单地打造出整体氛围。

家庭生活

一个给小孩子们打造的沙坑（左上），不使用的时候需要覆上遮挡物。一小片铺平的地面（右上），无论多么小，都是一个玩耍的好地方。

居住用的花园

人们曾经认为，花园无论大小都必须以植物为主，甚至必须是一个微缩版的19世纪乡村庭院，这种陈旧的观念已经越来越不现实了。最大程度利用好小庭院的方法，是使其中的各种结构组成部分——包括墙面、台阶、水池、家具摆设等等——成为亮眼之处，将植物从原先花园的主宰改作装饰之用。当你在庭院里打造出惬意的用餐之所和日光浴的位置之后，用来栽种植物的空间就已经大大减少了。现在流行在庭院中引入热水浴缸、按摩浴缸、跌水池，传统意义上的绿色静养之所已经换上了崭新的造型。

“控制物品和造型数量，然后放大规模。”

将烧烤架作为焦点（对页）
凉爽的夏夜，夜露浮现，在燃烧的炉火边惬意地翘起腿来，没什么比这更舒适了。

中央用餐区（左）
在庭院中央的露台上放好餐桌，作为家庭用餐之所，绝对是中心焦点。

增加表观尺寸

除了经济地利用好每一寸空间，还有很多方法可以增加小空间的表观尺寸。第一步就是增加室内的庭院感。打个比方，在与庭院相连接的屋内，铺一片平地，放上几个绿植花槽，可以有效地模糊室内外的分界。在室内使用与室外墙面相同或者相近的色彩，也可以达到类似的视觉效果。人们往往错误地认为小空间里应满当当地摆上小物件。但事实是，这样反而会造成视觉上的拥挤，使小空间显得更加闭塞。对于室内装饰来说，小房间里东西越少、色彩和纹理越简洁，房间反而显得越大。

室外装饰也遵循同样的原则。限制小庭院中物品和造型的数量，然后放大规模，而不是反过来。材料选择也控制在一个有限的范围内，选择能够完美搭配原有材质的材料，比如选择可以匹配墙面、边界栅栏的材料。在结构中内嵌尽量多的细节，精选出少数装饰庭院的植物，并聚成大丛摆放。

完全开放的入口（上）
概念越简单，效果就越惊艳。室内外都铺设了木质地板，但请注意右侧边的瓷砖带，一直延伸到庭院里。内嵌式的坐席打造出了“室外房间”的效果。

浑然一体的空间（左）
移门连接起了温室和外面的木质地板小花园。室内外采用了风格相近的轻质家具和木质地板，且都有绿植，两个空间浑然一体。

双层阁楼花园

这个双层阁楼花园位于一幢爱德华时期的连栋房屋后。一条钢铁楼梯从狭窄的阳台伸到下方杂草丛中。原先上下两个空间视觉上没有联系，各自独立。设计的目的就是使二者统一起来，让整体空间显得更大，并在这个繁忙都市环境中营造出一方宁静而有格调的小天地。

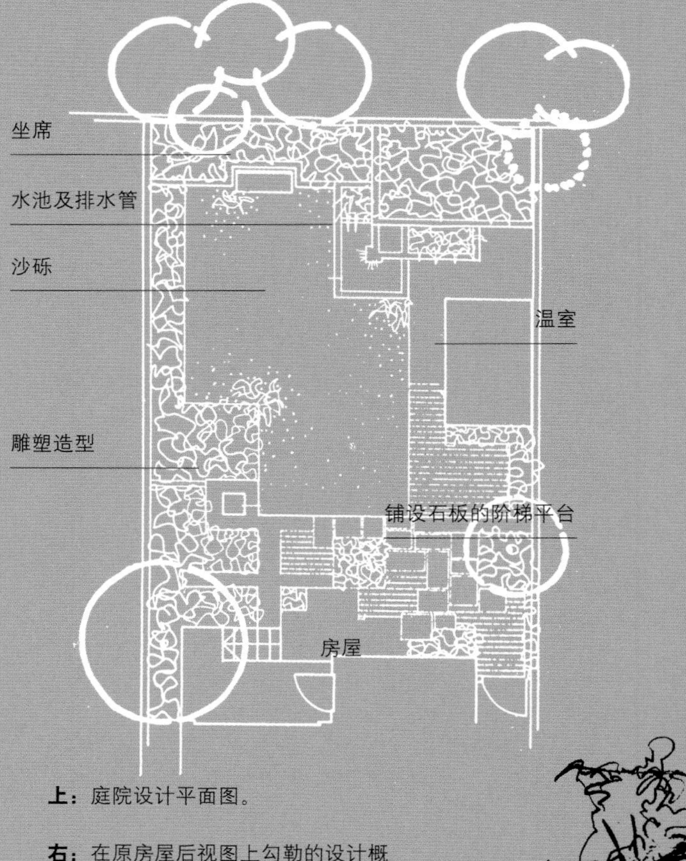

上：庭院设计平面图。

右：在原房屋后视图上勾勒的设计概念草图。

打造新格局

铁质的阳台和楼梯都改用新设计的木质结构，使其与木质的大门和窗框产生视觉联系。交叉的栏杆造型与房屋建筑风格一致。灰绿色的油漆则呼应着室内新艺术派的装修风格。阳台做了拓宽，这样就可以放下位于楼梯上方前厅里的椅子。阳台扶手的上半部分爬满了攀缘植物，把阳台和房子四周小径上的路人从视觉上隔离开来。在地面上，用石板替代原先的草丛。硬质的地面使得庭院区域与房屋建立了联系，而且石材柔和的颜色也能与温和的绿色油漆融为一体。沿着阳台而上的攀缘植物将两层空间联结了起来。配上其他的植物和原有的树，整个庭院散发出新鲜的气息。设计后整体效果呈现的是都市中的一抹宁静与简洁。

1 厨房外延

原先带弯角的凸窗被改造成为有门通往阳台的厨房外延。起居室也同样连着阳台，沿着楼梯而下就到了阶梯庭院。

2 阳台

阳台做了拓宽以容纳椅子，连接楼梯上端的部分用绿植遮挡，使之与房屋周围小路上的行人隔离开来。

3 阶梯平台

阶梯平台用大小不一的约克石铺就。

4 沙砾区

庭院中间的地面铺着沙砾，因为这一片区域位于大树树荫下，无法生长草丛。

5 水池及小瀑布

一个高低水池间用小瀑布作连接。上面一层种植着常绿植物，用来遮挡后方的网球场。

镜子技巧（对页）
后墙上的镜子改变了这个小小的天井。两个简单的花坛里栽种着金竹，经由镜子反射后效果翻倍。

转角的植物（右）
垂吊植物和各种盆栽的一年生植物打破了砖石转角处生硬的质感。这里喜阴喜阳的植物都很多。

观赏用的花园

都市城镇中的建筑大杂烩，造就了一大批狭小、不规则、位置尴尬的空间，虽然人们从家里可以看到这些小地方，但却无法或无意将其改造为家的一部分。其实无论是阴暗的庭院、狭窄的过道，还是深深的天井，都可以由避之不及的小角落转变为赏心悦目的小庭院。

装饰小空间

让一个小空间焕发活力有很多方法。这里光照有限，进出也不方便，无法采用传统园艺方式。但除了用植物，不妨再试试彩绘、镜面、雕塑、错视效果、人工光照等方法。其中地面设计很重要，必须要与周围环境相匹配，因此需要先考虑地面设计。观察一下周围建筑的结构元素，是否能够用于地面，比如维多利亚式的彩色砖墙就可以搭配彩色地砖。

下一步，是最大化利用空间，使之引人注目。最简单而有效的方法是用雕塑（见232页）。无论你选择哪种雕塑（比如经典的石雕，或者现代风格的抽象雕塑），必须确保它有足够的视觉张力，不会被周遭环境所淹没。你可以选用适合大空间的造型，而且雕塑规模越大，效果越好。

一般来说，植物的视觉效果很少能达到雕塑的水平，而且小空间的采光往往很糟糕，尴尬的位置也不便对植物进行日常维护。然而，如果有适当的条件，也可以种一棵有着粗糙树节的无花果树。当然前提是其自然形态与周围环境和地面设计能统一起来。

新古典主义（上）
新古典主义造型非常惹人注目。

水景（左）
光滑水润的卵石与造型强势的大叶子形成鲜明对比。

障眼法

错视是在有限空间里伪装现实、实现夸张效果的好方法。文艺复兴时期的意大利人不仅在花园里用雕塑来实现饶有趣味的视觉转移，而且还将视觉效果画在他们的墙上——比如从栏杆缝里往外看的猴子，或者在楼上窗户向外挥手的人。用类似的方法可以给家中增添一丝乐趣和魔力。

使用彩色绘画也可以很简单。哪怕空间再不如人意，彩色墙面也能给空间提亮，带来活力。从室内望出去，如果室内外采用了同一种颜色，两个空间就有了强烈的统一感。精心摆放的镜子带来的反射效果也可以欺骗眼睛，使空间看起来更大、更亮，遮挡住不想看到的风景。对于日间昏暗的空间来说，人工照明是有效的提亮方法，而且在夜间还会有魔法般的效果（见237页）。

植物之外的选择

如果种植条件过于贫瘠，或者空间太小限制了植物的数量，为何不在墙上画一些呢？或者你也可以找些简单的容器用插花装点空间。干花的效果也可以很出彩，而且可以保持更久。

墙面亮点（上）
充满魔力的墙面小花盆和房屋的名字相映成趣。

盆栽梯（下）
人字梯刷上油漆，就是一个别致的盆栽架。

案例分析

本章四个案例里的庭院建筑年龄都在25年左右。

我希望这几个案例能展示出精心设计的小庭院的实用性和美观性。

案例1

我的居住空间

这个庭院原先是一个停车位，旁边的房屋曾是个马厩。首先进行的是室内设计。一楼有一间厨房、一间起居室，都安装了通往庭院的玻璃门，既方便出入，也尽量扩大了室内的视觉面积。设计的理念是将庭院作为厨房和起居室的露天扩展部分，可以在庭院露天用餐。从室内望出去，也能感到室内外的空间是紧密联系在一起的。

从室内往外看（左）
从厨房向外眺望永远是一种乐趣。常青藤色的藤架横梁从被修剪过树梢的网尼桉树树冠下穿过。横梁是我在25年前架上的，因为灰色的树叶与燧石墙面搭配得非常好。

多功能露台（对页）
我非常喜欢蓝色，尤其是我选用的这种阿迪朗达克风格的椅子的蓝色。蓝色和灰色搭配很好看，而绿色中也有蓝色的成分。我经常在此处逗留，照料我的植物。

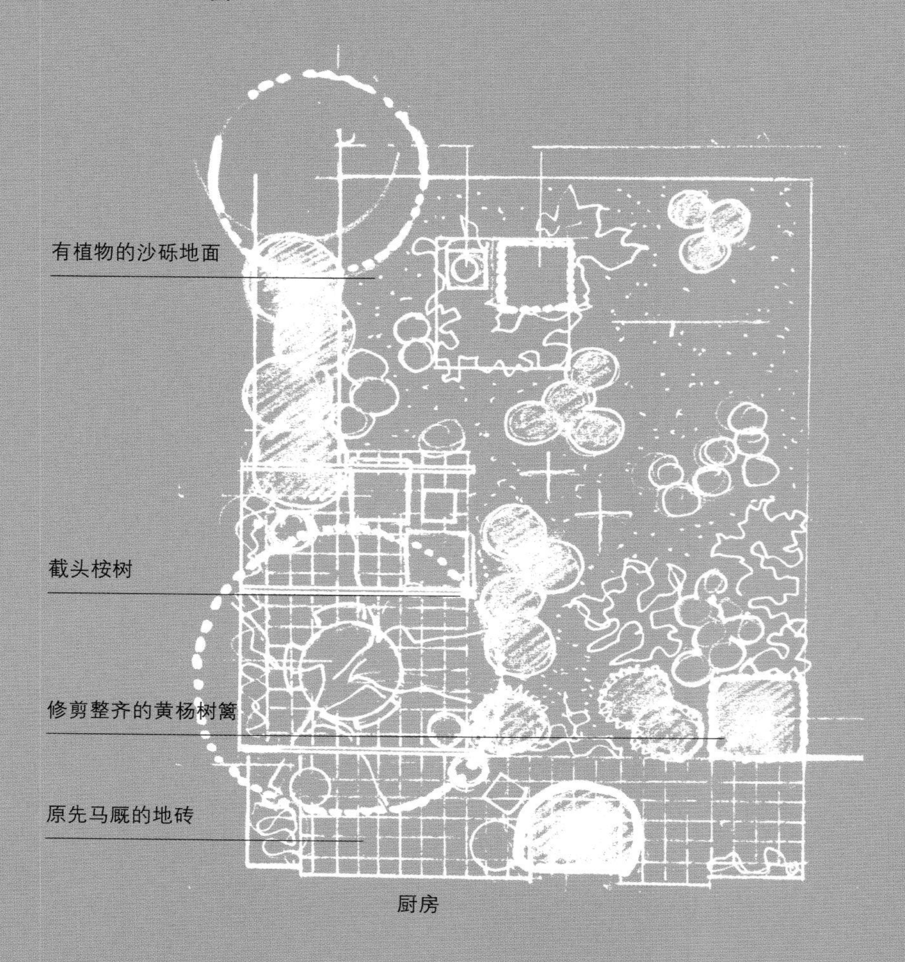

设计结构

为了让这片庭院成为室内的延伸部分，就需要使室内与室外紧密地联系起来。这种联系是通过在室外露台上模拟厨房的布置来实现的。庭院中的藤架是对厨房天花板的延伸，二者高度相同。门、窗框、藤架使用的是同一种未刨平的着色木材。藤架赋予其下的庭院空间以温馨的室内感，墙面上爬满的攀缘植物更加深了这种感受。在夏季的夜晚，两盏温暖的灯光能照亮整个庭院，吸引人们坐下来乘凉。从室内也能看到庭院的灯光，充分感受那份难得的闲情逸致。而在冬季，当夜幕早早降临时，灯光还能驱走黑暗，尤其招人喜欢。

1 重复利用材料

这座建筑最早是一个马厩，我在庭院左侧使用的就是原先的地砖和排水沟。这些地砖铺在地面原有的排水沟槽两侧，铺设得很有韵律感，并往前一直延伸到房屋移门后用新地砖铺设的区域。淡褐色的沙砾与地砖的颜色搭配得很不错，而且与两个砖砌花坛和沙砾地面上摆放的植物形成了对比。

2 室外油画

室外挂着一幅由奈吉尔·富勒在金属上作的油画。对于小空间的装饰来说，这是一个新奇有趣的主意。油画挂在露台大门边，从室内就能看到这幅画，而且当你进入庭院的时候，这幅画也非常引人注目。

3 沙砾区的植物

露台边的沙砾地面上，我种了各种多年生植物和草本植物，以及每年都会早早开放的绣球花，拼成了一片时时变化的马赛克。这些植物连同浅色的沙砾和地砖一起，让这片庭院显得明亮而充满了阳光。

4 灌木边界

乔灌构成了庭院的边界。这里看到的是金边剑麻，后面还有海桐。左侧是黄页美国木豆树，与边上灰色的截头桉树形成了对比。

案例2

哥特式别墅庭院

在评估了伦敦一幢漂亮的哥特式别墅的花园后，我认为它更适合半正式的英式花园设计。

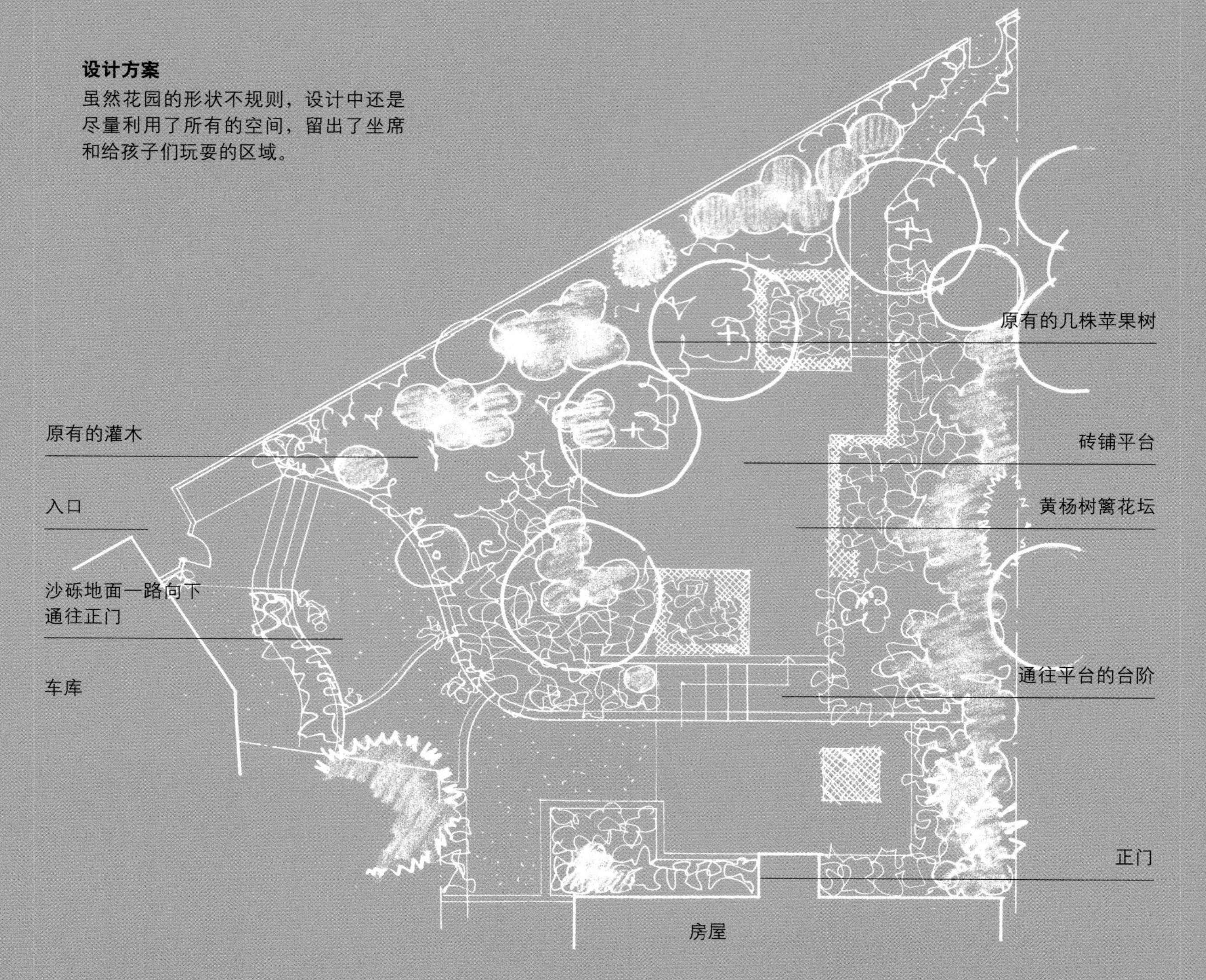

设计方案
虽然花园的形状不规则，设计中还是尽量利用了所有的空间，留出了坐席和给孩子们玩耍的区域。

平面图

花园入口在车库边的墙上。站在平缓的大沙砾台阶顶端可以俯瞰整个花园，台阶徐徐而下穿过花园通向房屋正门。沿着正门正前方的砖砌台阶拾级而上，就到了位于几株老苹果树下用砖头垒砌的中心台阶。客户很喜欢修剪成型的灌木，因此花园中心区的花坛里种上了黄杨树篱，用球形或金字塔造型点缀整体布局。这样，黄杨树篱不仅仅是绿植，而且还成了花园结构的一部分。

储油罐特写（对页上）
客户家有一个漂亮的大储油罐，被移至最大的砖铺平台角落中，改作为一处景致。

花园改造进行中（对页）
在改造工程中，需要将很多原有的植物刨出并暂时移栽至盆中。这里展示的就是移栽的过程。

工作量

改造前这里是一片向房屋倾斜的横坡，大部分都被草坪所覆盖，因此低洼处特别潮湿。解决方案是用砖砌成台阶作为挡土墙（须确保不伤及树根），并且提供足够的排水渠。但是如果将台阶直接正对大门会显得很突兀，所以我用门口这片区域摆放盆栽，并且在平台边缘放置了一个休闲长椅。

1 入口大门

铺设沙砾的台阶小径逐级而上，通向房屋大门。在台阶一侧小小的观景平台边，靠近通道的地方有一个垃圾箱，方便且隐蔽。

2 低层平台

低层平台用胶结砾石铺设，呼应着旁边通向大门的沙砾小径。这种地面适合种植大戟属植物与软羽衣草，可以做到自然播种。

3 砖砌台阶

砖砌台阶通向花园的主平台。台阶宽而浅，适合放置盆栽，而且盆栽能对每个直角转弯起到上下衔接的作用。

4 主平台

主平台用砖铺地面，设计宽敞，足够社交活动使用，而且在旁边还设置了幽静的一角，可以在此享受片刻清闲。虽然地处都市之中，但是茂盛的植物和界墙提供了与世隔绝的环境。平台周围很多植物都是半耐寒植物，所以良好的遮挡保温很有必要。

案例3

公寓花园

这个呈L型的花园，环绕着退休单身女主人的一楼公寓。女主人不太热衷花园和园艺，因此常绿植物及硬质地面不仅能解决维护困难的问题，而且可以提供一定的私密感，方便主人不时来此安静地休息一会儿。

这种L型平面图，无论多小都能够提供多种观赏角度，设计出各种可能性。在这个案例中，花园被分成公寓入口和私人空间两部分，其中私人空间显然可以做成一个坐席区。从入口处可以同时看到两部分空间，但在设计中二者各自保留了自身的小魅力。

坐席区（对页）
长椅放在了能尽可能多晒到太阳的位置，并用一株小树和篱笆将其与邻居隔离开来。

1 地面铺设

穿过花园的小径用预制水泥砖铺就，从而在公寓一侧提供了一个可以小坐的区域。其余地面用的是胶结砾石，其上随意种着各类植物，不用专门设计排水。

2 成熟绿植

为了常年都有绿色环绕，庭院里种植了一定比例的常绿植物。10年后的今天已经枝叶繁茂。盆栽植物聚集在一边，作为草本植物，并增加了“些许色彩”。

3 造型类植物

我选择了有显著形态的造型类植物，使之与建筑的僵硬线条形成对比。墙上的树是枇杷树，但是在这里的北方气候下很少挂果。

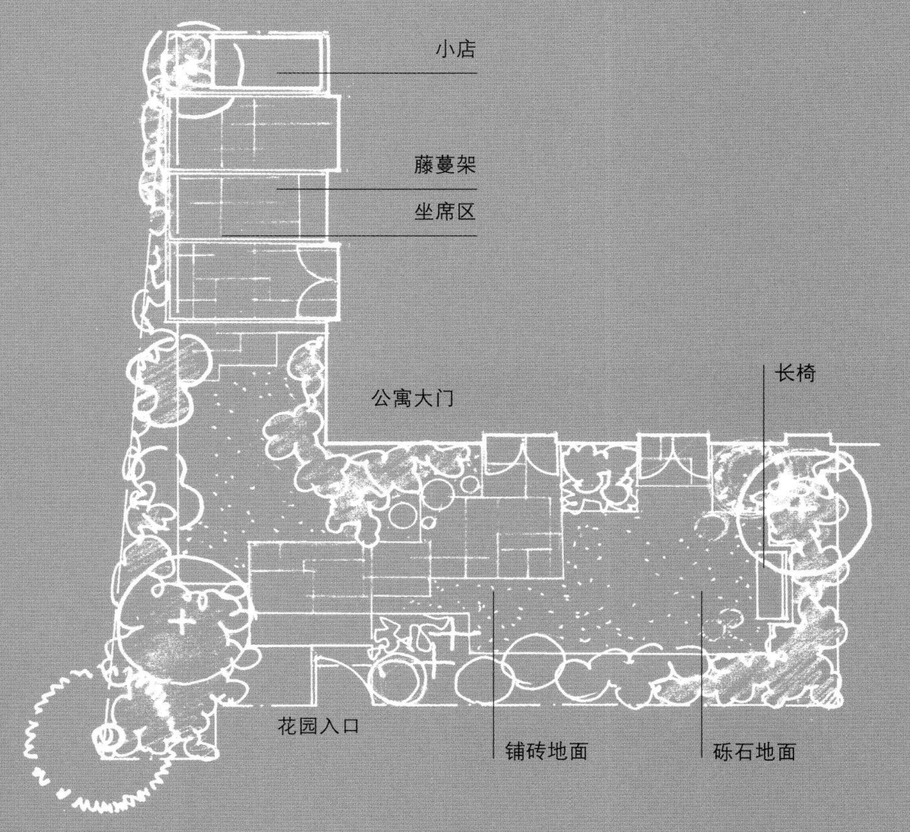

设计庭院

庭院平面图如同“过筛”一般整齐。大部分建筑在设计时都会依照某种模块，这种模块会规范建筑的门、窗及其他建筑结构之间的关键尺寸。往往通过在外墙上测量尺寸，尤其是门廊和窗户开洞大小，你就能了解这幢建筑的模块是什么样的。根据你估算的模块尺寸给你的设计图打上网格参考线，这种方法特别有助于小空间设计。参考线可以让你在决定每一个设计元素的尺寸时做到尽量大胆。

请注意平面图中地面铺砖的使用方法。沿着这条路可以直接从花园大门走到公寓入口，但是地面纹路则能起到引导行人漫步其上的作用，让人不禁想在花园中多停留一会儿欣赏风景。道路外的沙砾地面则能让人们进一步欣赏边上的植物，并到尽头处的长椅上小憩。

案例4

城市里的乡村风格

这个小小的乡村风格花园位于英格兰南部的一座城市中，紧挨着教堂。房屋的主人之前居住在拥有大花园的乡村房屋里，在搬家后希望能拥有一个类似风格的花园。虽然小了许多，但是她依然可以在这里继续享受她照顾植物的爱好。

传统风格（左）
老城市的房屋在漫长岁月里会经过许多零零碎碎的修整，这也成为它们自身魅力的一部分，那么与之相配的花园也值得好好打造一番。

出类拔萃的风景（右）
这个花园毗邻教堂，望出去的风景尤为漂亮，因此设计时需要特别考虑与环境的和谐感。

花园的位置

当我几年前第一次来这个花园时，房屋刚刚经过扩建。在比随便铺设的平台高出一跨步（约25厘米）的地方，是一片杂草丛生的区域，又乱又脏，因为这里在房屋翻修期间是用来堆放垃圾的。围墙下是一溜花坛。因为需要有地方放置家具，因此房屋边上保留了原先铺过地面的一片露天空地。屋主计划在这片空地之外的花园里种满各种漂亮的植物，因此从视觉效果来说，也的确需要有这么一片空旷与壮观的植物形成对比。基于这种考量，花园设计的主旨就是用合理的结构来容纳大量柔嫩的、乡村风格的植物，又不能喧宾夺主，这样才能与周围环境保持融洽。植物栽种的风格越随意，就越需要有坚硬材质的花园结构和强有力的结构性植物来防止花园变成乱七八糟的草丛。反过来，在以活动场所而非园艺栽培的为主小空间里，植物的作用首先柔化建筑材料带来的坚硬感。

花园门（右上）

这是进入花园的主入口，所以夏日里访客最先感受到的是各种攀缘蔷薇的香气，以及来自绵毛水苏和薰衣草柔和的灰色和蓝色。

生机勃勃的植物（右）

花园设计中，需要让植物溢出花坛和盆盆罐罐，来营造出慵懒的氛围。

地面纹理

花园设计中仅保留了原有的一个花坛和另一个花坛的一部分。所有的草都被挖走，取而代之的是沙砾、石头和砖的混合纹理。砖头用来铺设从房屋边的平台开始缓缓向上的台阶、花坛边缘，以及其他地方的几个简单的分隔。在5厘米厚的粘结粗砾石上铺设一层浅色水洗砂，这种材质与其上种植的植物形成了对比。花园中的小径用原有的铺路砖石铺设，其颜色与沙砾和房屋的颜色形成了互相补充的关系，沿着这些小径主人可以轻松地走到植物丛中。这些几何纹理与散漫其间的植物形成了对比。

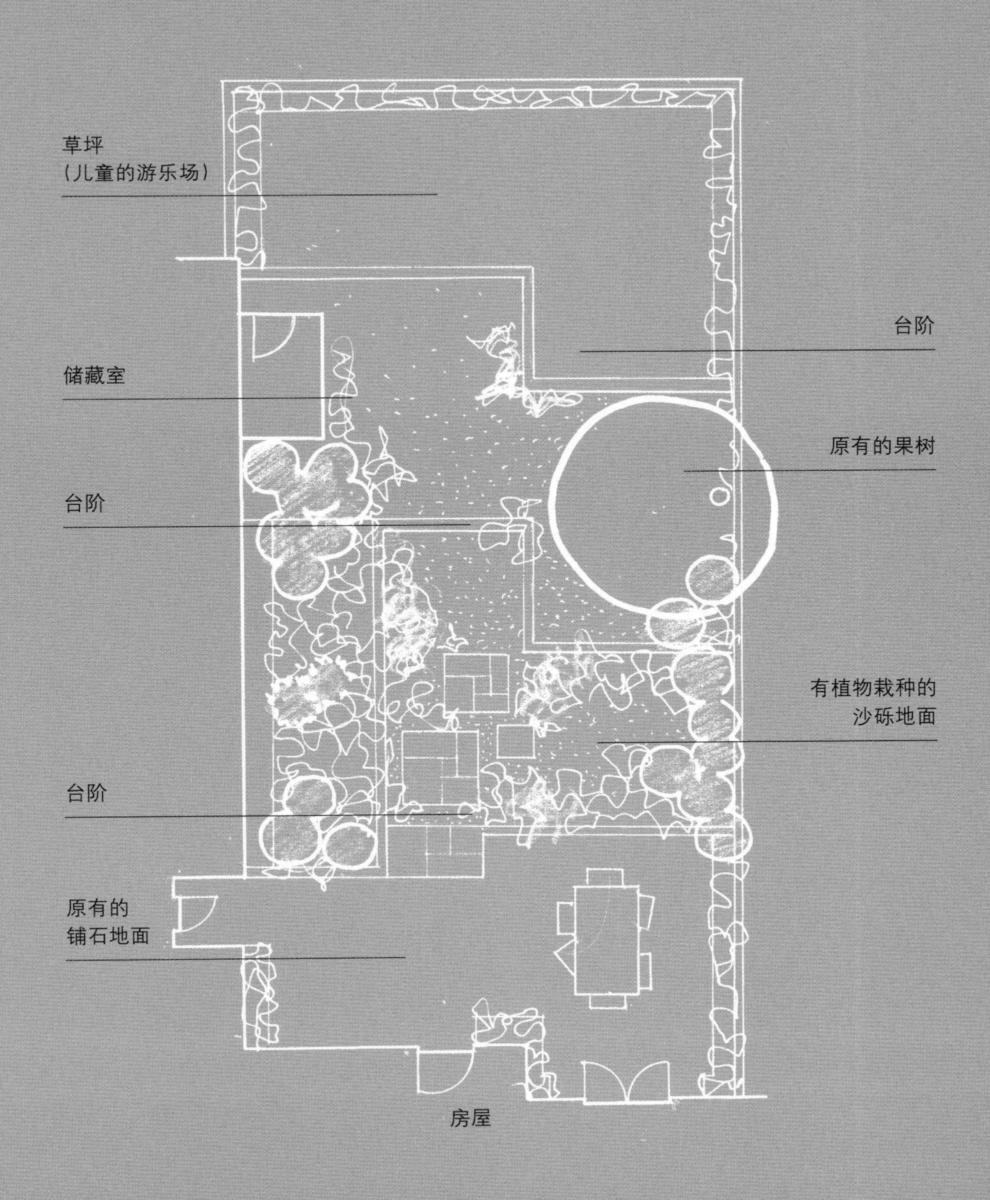

乡村风格植物

花园里植物丰富多样，松散地勾勒出了柔和波浪线的轮廓，这就是典型的乡村风格。照料这么多植物需要花费大量时间，所以这种风格只适用于那些与这家屋主一样喜欢在园艺上耗费时间的人们。花园里和谐宁静的感觉来自于用在不同地点用同一种植物营造出的连续感。如果用各种植物分散零乱地点缀花园，会形成无休止的不统一感。色彩的组合值得花大力气去打造。以叶子的绿色、灰色和金色作为赏心悦目的背景，用花朵季节性的色彩作为点缀。

结构性的灌木

台湾十大功劳等常绿植物和接近常绿的布克荚蒾，可以给植物丛带来结构感，并且为冬季的花园提供景致。它们的叶子是深绿色的，与多肉千里光、长阶花、狭叶薰衣草等灰色植物的叶子、夏枯草的紫铜色叶子，以及冬季红瑞木的红色枝干相映成趣。

多叶灌木

欧洲山梅花等落叶灌木的叶子呈圆形并带有尖角，和杂交红瑞木一起，在枝繁叶茂时是花园造型的能手。

乡村花园的气味

气味是乡村花园的一个诱人之处。这里有玫瑰散发的夏日甜香；有欧洲山梅花的橙味香气；有来自猫薄荷、薰衣草、香蜂草和墨角兰的药草香；还有十大功劳花朵从每年秋季到早春散发的铃兰香。有了围绕在门窗外围的攀援蔷薇，和种在屋旁的猫薄荷，人们在室内也能享受来自花园的乡村味道。浓郁花香和缤纷色彩还引来了蝴蝶和蜜蜂，更增添了花园里宜人的乡村氛围。

连续的色彩

在种植包括月季在内的传统乡村花园植物时，都会精心安排开花次序。比如在左边的花坛里，紫花猫薄荷、紫罗兰和楼斗菜属的各类植物可以在夏日里一茬一茬地开出淡紫色、粉色及白色的花骨朵来。其间夹杂着的常绿植物岩白菜可以使植物丛看起来更为饱满，并且在花谢之后也可以作为一道景观。在花园的其他地方，采用的是“香堡伯爵”粉玫瑰、“珍珠沙”白玫瑰和排草属的配色方案下粉色变种。

设计

用笔在纸上画出小空间的设计图，
无论是在视觉方面还是在工作方面，
都会受益匪浅。

45°角效果（对页）
这个木板露台花园的亮点完全来自于45°角的设计。

你可能会觉得设计一个东西，尤其是设计花园会让人望而却步，因为设计是那些“行家”——捉摸不定的唯美主义者们——惟一的保留项目。然而，每当你决定如何在架子上摆放一些装饰品或者在哪里摆放沙发时，你就已经受到了设计基本原则的影响：类似于方便清洁或者照明位置之类的实用性问题，以及物品形状、纹理、色彩与周围物体和外观之间的关系之类的美学问题。在房间里摆放物品时要兼顾美

观与功能实用性，同理，在布置小花园时也需要均衡各种元素，比如要把握好平铺地面、水池、沙砾地面和植物之间的关系。优秀的设计会让你尽可能地享受到小花园的乐趣，因为花园里各种元素之间以及花园和周遭环境的关联越紧密，花园就显得越大。本章会阐释设计的基本技法，随后再探讨如何使用色彩、形状和特殊效果。当你掌握了这些方法，并从特殊设计案例中获得了一些灵感，你就可以着手设计自己的空间了。无论它们有多小，无论它们在哪里，相信你都游刃有余。

完美平衡

这个庭院完美地平衡了坐席和植物间的关系。二者用一道优美的木桩屏风墙联系了起来。

建筑为王

这个极简设计方案干净利落地解决了超小空间里如何设计户外生活的问题，庭院里四分之三都是建筑结构，园艺则只占到四分之一的空间。

形状和质地

这个庭院设计创新地使用了铺路砖、石头、枕木、水流和植物，为小空间增添了不少视觉亮点。

空间规划

设计流程

设计流程包括以下几个阶段：评估（庭院所在的场所、你对空间的要求）、测量、按比例尺作图、布置整体格局，以及将布局转化为结构和栽种的植物。这部分内容以设计一个小小的城市花园为例。

评估场地

首先，仔细观察场地，给自己提各种问题，并且记录下需要解决的事项。比如，庭院是否被隔壁建筑或者大树遮挡住了？如果是，那是否有哪部分是能晒到太阳的？是否有不想看到需要遮挡住的风景？然后问自己希望如何使用这片空间。你是否喜欢园艺，想让庭院里大部分都是植物？还是想要一个尽可能少费心照顾的院子？你是否希望在这里举办派对，或者是否需要一片给孩子玩耍的地方？

设想中的未来（下）
放飞想象，畅想一下你希望花园在一两年后变成什么样子。

“仔细观察场地，给自己提各种问题。”

基本设计要求

这个花园设计的基本要求是要使它在全年任何时候都很实用且美观，因为花园两侧都是房屋，无法分开。另外两侧围墙有3米高，包围遮挡使得花园里特别热，但主人并不热衷晒太阳，反而想要一个凉爽的绿色丛林。当然了，在英格兰这种地方，丛林不是说有就有的，不过目前这里的植物已经生长了一年，我们离目标越来越近啦！

测量

首先画一个场地轮廓草图，以便在上面标出各种尺寸。接下来测量房屋与花园相邻的外墙面以及墙上各种结构的宽度，然后测量与墙面成90°的花园宽度。如果花园的远端围墙比房屋窄，那么就分别测量围墙左右两端到房屋的长度。在图纸上标记出无法更改的物体尺寸(比如树、油罐)，记下它们离房屋和围墙的长度，以及门窗的高度、间距和与围墙的距离。在甩着卷尺测量之余，还要给自己备注一下哪些区域有光照，最好能记录下全天候的变动。简而言之，就是标注南北朝向。不过就这个案例而言，光照记录不太重要。

接近空白的画布（右上）
这个庭院自从建筑工人修建好之后就基本没怎么动过。院子由3米高的围墙环绕，满院子都是平坦的草坪。

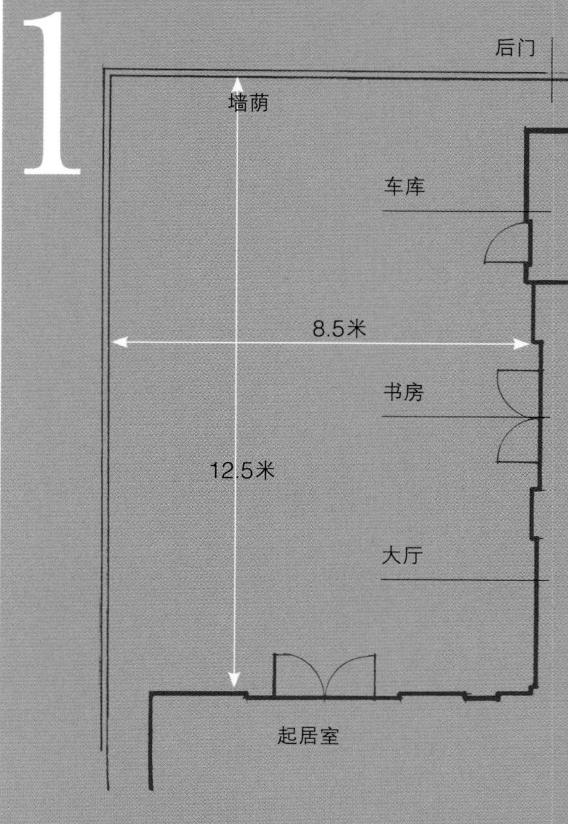

画平面图（右）
在简单的平面轮廓图上标注出测量的尺寸、标记和其他细节，然后按照尺寸尽量作出比例准确的平面图来。

作图

下一步是按准确比例作出花园的平面图。比例尺一般选用1:50或者1:25，只要是适合图纸的比例尺就可以。按比例尺计算长度，画出花园边界墙面和每一个你想保留的原有细节（比如台阶、植物栽种区域）的准确位置。随处都能买到的量尺对于作图能起到非常大的帮助作用。

网格参考线

现在可以为花园打上网格参考线，这样你选择的物品就能够与你家和花园空间的比例一致。用门宽、窗高或者花园台阶高度这种永久性结构的长度作为边长，在描图纸上打出许多小方块来。你可以把描图纸叠加在平面图上看效果，从而比较各种不同的设计方案。在这个花园里，房屋最主要的特色在于两组对开门，每组门大约3米宽。如果你从每组落地窗两端各引出一条参考线，就能够在平面图正中得到一个正方形。这个正方形就可以用来作为网格线的基准，以此铺满整个画面。在网格底部可能会出现一些零碎边角形状，但这没关系。现在将基准正方形的横竖边长都减半，你就得到了一张符合你空间的方格纸，如图所示。

设计网格（左上）
将网格线画在单独的一张描图纸上，画设计稿时将网格纸放在下面作为参照。

未知的地下（左）
方砖地面和草皮静静地等待被改造。但砖石和草皮下面有什么就不得而知了。改造工程路途漫漫。

布置整体格局

下一步是在网格纸的基础上，用以网格方块为单元的卡片纸布置出整体格局来。比如一些卡片是半个方格大小，一些是一个，一些是两个。用这些卡片在你的网格纸上摆出造型来，就像玩拼贴画一样。这样一来不管你构建出什么结构，都可以与实际的房屋和围墙成固定比例关系。比如在这个案例中，布局与凸窗成比例关系，因而也能跟与花园相邻的起居室匹配起来。

摆放卡片时，要使其与房屋成垂直或者45°角的关系，也可以二者皆有。如果你希望花园布局带倾斜角度（这种方法有助于打破小空间的局限感），那就将所有剪出来的卡片都摆放成45°角。在小空间里，小于45°或者大于90°的角度容易切割出奇形怪状的区域，不管是铺设地砖、种上植物、作为花坛还是别的什么，都很难将其作为花园的一部分来处理。

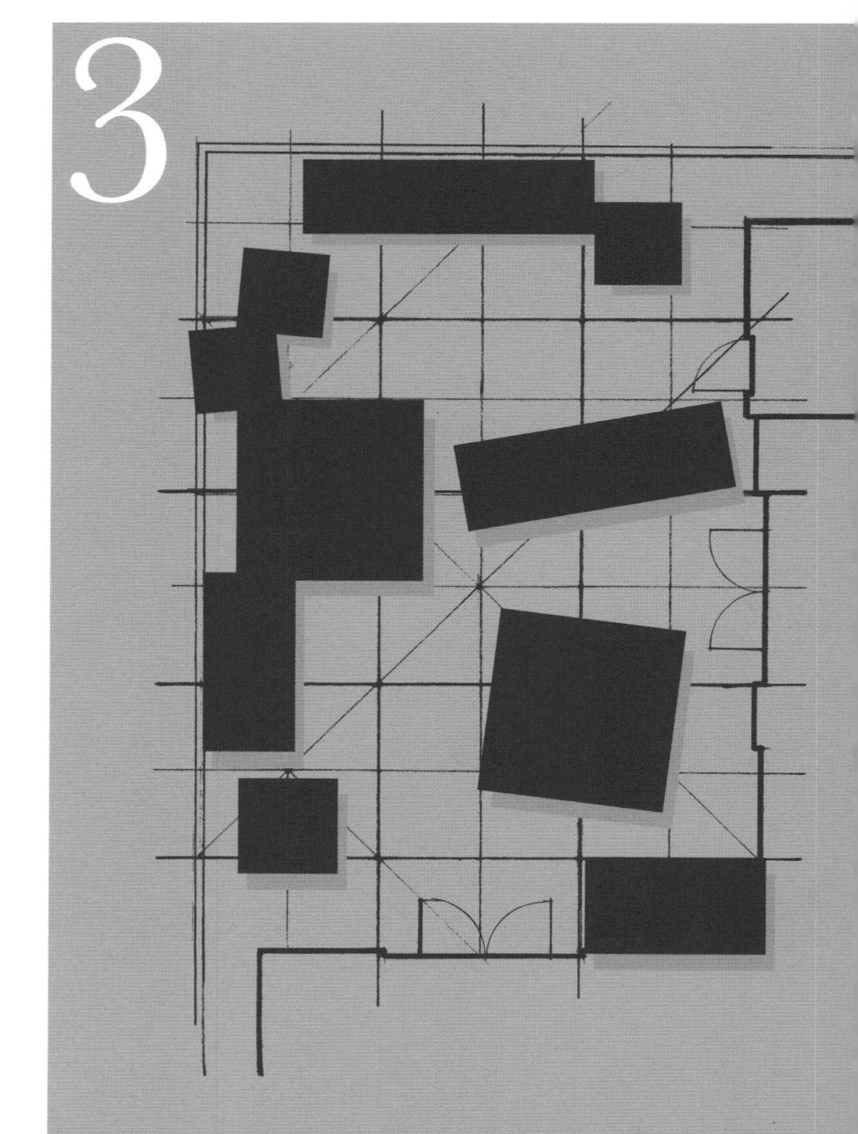

用拼贴法进行尝试（右）
下一步是在网格纸的基础上，用以网格方块为单元的卡片纸布置出整体格局来。比如一些卡片是半个方格大小，一些是一个，一些是两个。用这些卡片在你的网格纸上摆出造型来。

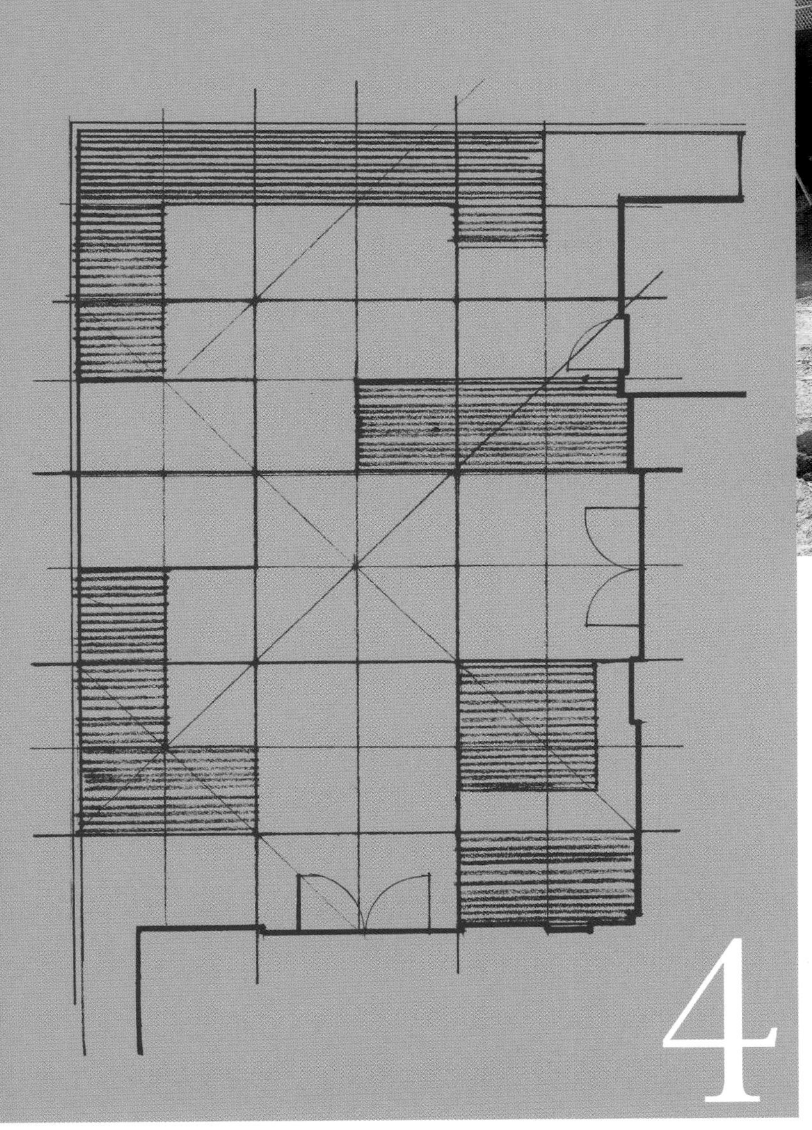

地面工程（上）
地面修整中。原有的草坪已被移除。

互相关联的形状（左）
在摆放各种形状时，要记住你对花园的各种要求，想象这些形状落实到花园里是什么形态，它们之间如何联系起来，以及从屋内一楼或者楼上看出去会是什么风景。

有些人因为觉得直线缺乏和谐感而喜欢曲线，但是需要记住的一点是，如果比例恰当，当种满植物后，直线的生硬之感会被植物所弱化。如果你想要弯曲线条的结构，可以将方块替换为圆弧，圆弧的半径则以网格方块边长为基准单元。

当设计对象是围墙之内的花园时（很多小花园都是这样），往往会从围墙开始设计，比如沿着墙根做一圈高设花坛，其实这样反而凸显了花园的缺点。而拼贴法注重形状与房屋之间的关系，可以让你避开上述雷区。

将设计付诸现实

当你觉得设计布局看上去足够美观，也满足了花园的实用要求时，就可以开始将形状具象化，确定每个形状在现实中具体要做成什么形态。在这几页的案例中，我们已经考虑过如何利用造型布局和植物种植区域之外的空间。那么剩余的空间呢？花园的中心点是什么，应当如何对油罐进行遮挡，地面铺设用什么材料，新的挡土墙又该用什么材料呢？

概念的发展（下）
随着设计概念不断展开，你就开始对花园有所感受了。

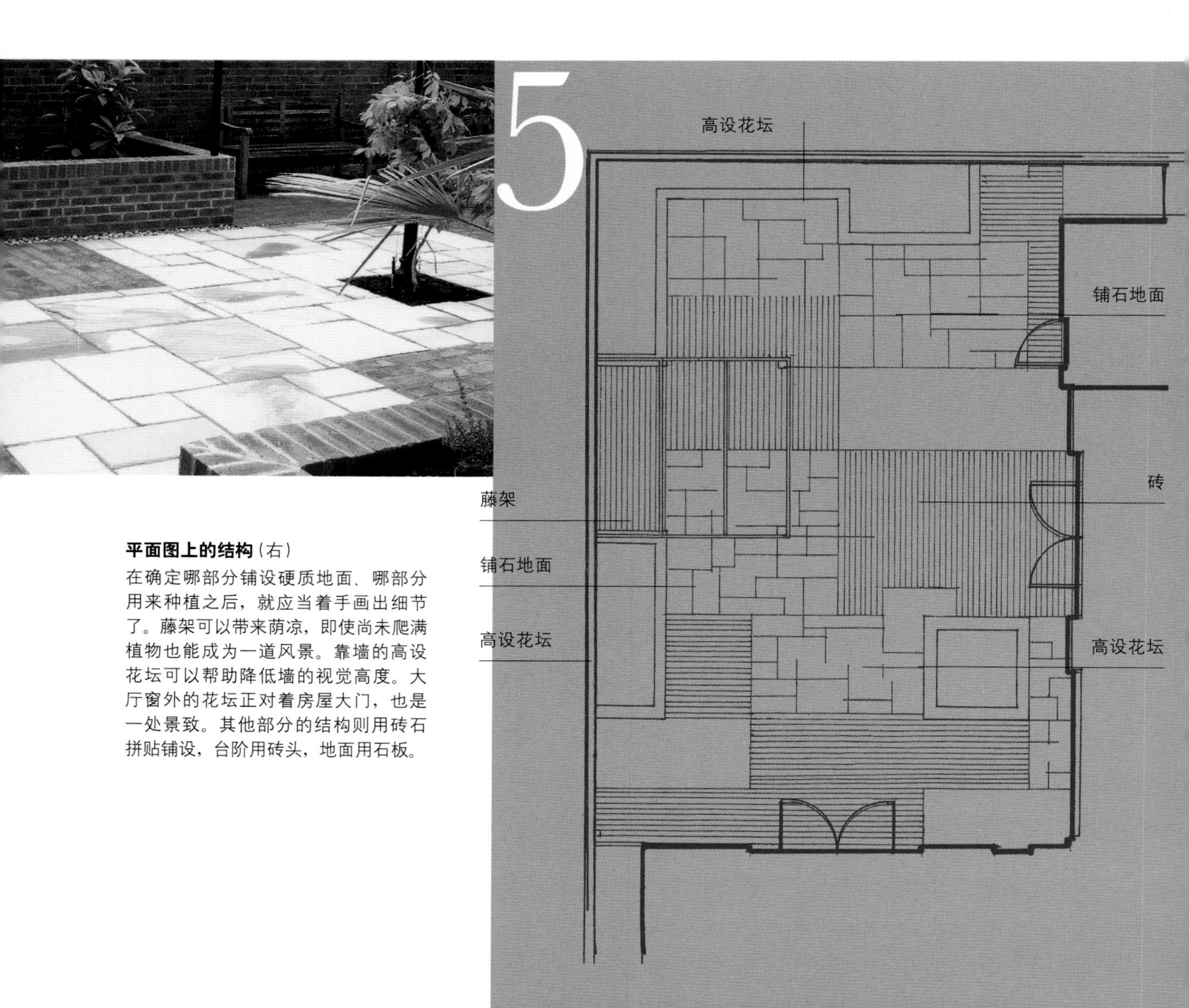

平面图上的结构（右）
在确定哪部分铺设硬质地面、哪部分用来种植之后，就应当着手画出细节了。藤架可以带来荫凉，即使尚未爬满植物也能成为一道风景。靠墙的高设花坛可以帮助降低墙的视觉高度。大厅窗外的花坛正对着房屋大门，也是一处景致。其他部分的结构则用砖石拼贴铺设，台阶用砖头，地面用石板。

1 高设花坛

砖砌的高设花坛与围墙和房屋墙体相呼应，花坛边缘设计为坐高，适合派对等活动。每一个花坛及其倚靠着的围墙都经过防水处理，并在下方设置了足够多的排水设施。

2 藤架

藤架由着色软木材架在钢材立柱上构成，外侧边缘上的柱顶稍稍修饰了一下。随着植物日渐茂盛，木横梁间会拉上绳索供藤蔓攀爬。

3 地面铺设

地面铺设的石材为各种印度砂岩，这种石材比传统的约克砂岩和硬质铺地砖便宜。石材铺设在水泥地基上，房屋的远端有排水系统，将水引至种着植物的区域。

植物与设计

当平面设计图刚刚完成时，一般看上去线条都很生硬，但引入植物后这种生硬感就能被优雅地抹去了。植物本身的材质、形态、色彩、纹理等都应与花园的结构和（或）相邻建筑中的某一房间关联起来。

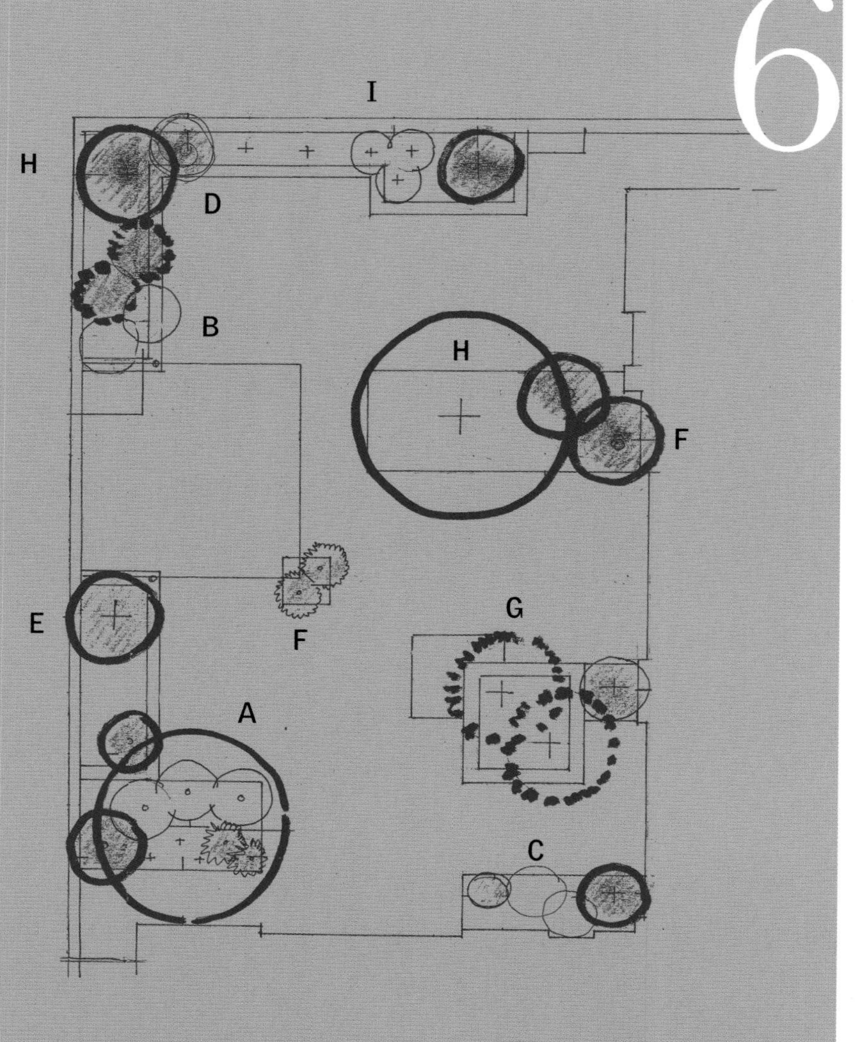

A 黄菖蒲
B 亮叶忍冬
C 小花雪果
D 金丝桃
E 小白菊
F 大花洋地黄
G 蜜蜂花
H 桔红灯台报春花
I 金钱草

种植方案（左）
最后你需要画出基本的种植方案。这个花园位于英格兰南部，并且有良好的遮挡，因此用了不少半耐寒性的植物，如果所处的位置再靠北，这些植物就无法生长了。

1 一年后

在改造完一年后，花园逐渐丰满了起来。我曾想在这个位置种一颗普通的树，再在花园里摆上一些雕塑。这个贵妇犬式修剪的黄杨很好地满足了这两个功能。

2 花坛维护

花坛里的植物漫出了边界，实现了期望中慵懒的效果。此类花园的维护需要做到不断定期修剪，因为草植很容易长得过长。

3 室内效果

当人们进入房屋走到大厅里时，可以看到漂亮的蒲葵。花园里此类区域打造出的效果，无论是从室内看还是在室外看，都一样重要。

设计中须考虑的因素

色彩

与声音和气味一样，色彩对情绪也有增强作用。虽然在空间设计成型阶段不需要在色彩方面想得太细致，但你需要考虑整体的“感觉”，以及如何能用色彩表达这种“感觉”。对花园需要表达的情绪有影响的因素包括其所处的场地、建筑材料、朝向（向阳或者背阴）、用途、相邻房间的风格等。

“与声音和气味一样，色彩对情绪也有增强作用。”

色彩的作用

有些颜色有缓和抚慰的作用，能让人平静下来；有些则有刺激效果，可以振奋人心，因此要选择你中意的色彩组合，来强调花园空间的氛围。举个例子，阳光充沛、配有按摩浴缸的小露台是会举办各种活动的地方，适合用蓝黄搭配使人精神为之一振，而紫灰搭配就会显得黯沉阴郁；另一方面，橘黄和深褐色不适用于温和安静的乡村风格花园，而应当用白色、奶油色、淡蓝色、粉色、绿色之类柔和的色彩来强调花园宁静的特质。

作出色彩方案

小空间里，融洽的色彩搭配尤为重要，因为所有的花园元素，包括墙壁、地板、家具、植物等等，都会紧密地挨在一起形成一个整体。从室内望出去，所有元素往往同时尽收眼底。因此要像给室内装修一样，也为你的户外空间作出色彩方案，从而使花园里的各个元素协调起来。

选择植物的方法，一种是仔细阅读植物产品目录；更好的方法则是亲自拜访有着与你家相似的建筑结构或者家具的园林和苗圃。

判断光照的影响

光照会影响颜色的显色性，因此无论你选择什么颜色，都一定要了解在一天不同时间段里显示的效果如何。浅色在温和的早晨或傍晚时分会显得很柔和，但是在正午烈日的强光下则会显得煞白而无光。你可以在阳光照到的地方和有阴影的地方摆放不同颜色的卡片，观察在一天不同时段中光照对颜色的影响。此外还要想象一下，随着季节更替，这些色彩会如何变换。比如春日的色彩新鲜而明亮，到了秋天则是浓烈而丰富。

橘黄地面（左上）
一片明亮的橘黄色能在视觉上包裹起这片露台，而且在冬日里能给整个场景增添一抹亮色。

季节色彩（中上）
仔细选择植物，让它们在一年中正确的季节里为你提供你想要的色彩。

纹理色彩（中下）

着色篱笆和地板可以让木材纹理透过表面的颜色显现出来。

水光潋滟（下）

水池对面墙上柔和的色彩搭配为树荫增添了一份情趣。

形状和图案

在设计中，各种形状组成的图案能够为花园的风格定下基调。组合形状的方式有无数种，从使花园看起来正式、典雅的对称布局到抽象而现代的不对称布局，每一种组合都适合不同的场景。

弯曲效果（左上）
要使用大弧线。如果你的小地盘装不下，说明这儿不是用弧线的地方。

直角效果（上）
一般建筑墙面和花园造型中的拐角都是90°。这里用直角拼出了一条小溪。

“你可以通过形状的不同布局来创造出运动感或者静止感。”

抽象而线性（对页）
整体布局非常端庄，但有趣的是黄杨树篱、砾石地面、木工造型却采用了抽象而线性的设计。

适合小空间的形状

很多都市空间的边界都是呈90°角的建筑结构，而不是由田野和树木构成的流畅线条。考虑到这一点，最适宜的设计一般是由几何形状构成。不过，只要遵照直角网格比例尺（见98页关于使用设计网格的内容），圆形、扇形、曲线也可以达到不错的效果。

在较小的场所中，最容易出效果的设计往往是只使用一种形状，而不是用类似对角、曲线之类的形状混搭，因为空间的大小会妨碍多种形状的使用，无法有逻辑地将它们组合起来。

你可以通过形状的不同布局创造出运动感或者静止感。线性的形状和图案能够引导视线，打造出运动感。小空间中，自由曲线的使用必须有其目的性（除非边界也是曲线）。举例来说，曲线可以引导视线落在一个空间中的雕塑上，甚至是小空间之外的景致，比如隔壁人家的一棵树。通过布置静态的形状，可以吸引人们将目光停留在花园里，这种花园一般比较宁静悠闲，适合封闭而且没有视觉焦点的空间。

整齐划一的方块（上）
在这片花园里，地面全部采用了规则的图案，甚至躺椅都遵循了这种方案。

柔和舒缓的曲线（左）
天然形状的石头，用温和的造型营造出轻松的氛围。

1 饶有趣味的铺面材料
在这么小的空间里使用曲线，可能会显得矫揉造作不自然。但是有人觉得小空间也有无限可能，何不尝试一下流畅的曲线呢？这里采用了多种铺面材料以增强视觉效果：不同高度的木质地板、铺砖地面和水景，打造出各种“房间”。

2 印象深刻的植物
大叶片造型强势，从上往下看尤为显眼。如果空间里风比较大，选用叶片较小的植物可以避免被撕成碎条的视觉效果。

3 节省空间的坐席
如此寸土寸金的小花园里，坐席嵌入造型内可以节省空间。用木材围出的坐席靠背，延伸开去就成了照片前景中花槽的挡土墙。

三维形状

当二维图案被带入三维中，就显得跳跃了起来。其方法是确定不同形状之间的高度差，并且选择好填充在形状里的材料。给一些形状增加高度，就能立刻让另一些形状立体起来；不过也可以考虑降低高度，比如利用下沉水池或者下沉坐席的造型。

材质

向这些形状填入你选择的材料，花园的特色就逐渐成型了。材质可以选择硬质的或柔软的、粗糙的或者光滑的、浅色或深色的、吸光的或者反光的。具体的形态有砖头、水泥、草植、沙砾、木材以及水景。

高设花坛（左）
通过提高花坛高度创造出体量感，体积和空白之间的比例显现出了效果。

盒子里的几何（上）
这个花园采用了几何图案，并且用弧形的绿篱背景和圆球状的盆栽强调了曲线的存在。

特殊效果

装饰花园时，可以利用很多小技巧和工具布置出引人注目或者戏剧化的效果，比如油漆、格子框架、镜子之类的小道具，以及光影效果等。这种技巧适合人工打造的环境，尤其适合有创意地妆点那些特别不适合植物生长的地方。还有些方法可以用来创造空间大小错觉。

镜面方尖碑（下）
在这个案例中，通过巧妙地运用镜面，使花丛的视觉效果倍增。但是，镜面需要定期维护，并且往来的小飞虫也会影响视觉效果。

视错觉画

文艺复兴时期的意大利人是早期视错觉画大师，他们在墙内外用绘画创造出大量三维效果的建筑场景和田园生活场景。今天，生动而多彩的壁画则被用来为城市风景增添生气，壁画的内容从动画形象到窗槛花箱、棕榈树、明亮的抽象图案等等，不一而足。

小规模的视错觉画及装饰性壁画同样很有效果。何不在自己花园的墙上画一道门假装墙后还有花园，在窗户外画上窗槛花箱（窗槛可以是真的），抑或是在无法种植的地方画上一些植物或者几棵树，哪怕是用来让已有的植物显得更茂盛，不也很好么？对于那些仅在夜间使用花园的都市人来说，他们可以在墙上用深蓝色画夜空，其下点缀白色的花朵和灰色的叶子（真假都可以），配上微弱的灯光，就成为一片漂亮的夜景了，效果非常赞。

花园墙面上应使用外墙乳胶漆，然后使用哑光漆或者蛋壳漆为表面作出效果，还可以用镂空模板和喷漆来画出引人注目的图案。使用油漆时，你可以大胆设计，因为如果效果不佳，大可以覆盖上重新画一遍。

托斯卡纳的回忆（对页）
在一个古典拱门下画着一幅托斯卡纳小山脚的风景图。这幅画的纪念意义远大于技巧展示，画什么风景都可以。

利用阴影

自然光线很强时，可以将植物或者建筑结构放置在可以投出漂亮阴影的地方。比如，阳光下的藤架横梁可以在地面投射出强有力的几何线条，如果将大戟属植物之类有着明显造型的植物，摆放在单调的背景前——比如一道墙——其阴影就能够产生极佳的效果。

如果光线不够强，不足以照出明确的投影，何不在各种表面画一些呢？可以用同一种颜色的不同影调来表达明暗不一的阴影，只要遵循“光照越强，投影越深”这个法则就可以。

篱笆和树叶效果（对页上）
竹叶的阴影在围栏的水平线条上舞蹈。

格子窗效果（对页下）
澳大利亚设计师杰克·梅洛利用一个精细的格子天花板在这个花园里投出了美丽的影子。

竹荫（上）
竹子是用来轻微遮蔽阳光的上好选材，投出的影子似乎也让下方的地面有了纹理。

门后（右上）
这个构图中，阴影是不可或缺的组成部分，显示出场景的深浅不同。

“将植物或者建筑结构放置在可以投出漂亮阴影的地方。”

利用镜面

玻璃反射和水面倒影可以让人产生空间变大的错觉。仔细调整好镜子的位置和角度，倒映出已有的空间，就可以在视觉上使花园的空间翻倍，如果位置摆放得恰当，还能制造出空间不断向远方延伸的感觉。大面积地使用镜面可以有效地提亮整个空间，适合用在荫蔽处的地下室、都市建筑里的天井等处。

镜子要用至少6毫米厚的玻璃，为了在室外使用，需要在背面镀银作为保护层，并安装在木质框架上，镜子边缘要做封闭，以免渗入潮气。镜子摆放的位置需要有遮蔽，否则就有反射日光烤焦植物的风险，而且镜面要保持清洁，才能达到反射效果。

镜面反射还可以用来将注意力吸引到某个特定的景致上，比如聚焦到雕塑上或者一片修剪成型的植物造型里。在幽暗的角落里，用镜面反射微弱的灯光，特别容易营造出一种艺术的氛围。

网格框架后的镜子（上）
这里的镜子安装在网格框架里，虽然尺寸不大，但也能将小小的空间提亮不少，并且在视觉上拓展了空间。

水面倒影

无论多浅，一池清水都可以让你的空间显得更大。你可以选择用吸光材料做水池底面和侧壁，比如黑色塑料，这样水面就可以如同镜面一般倒映出周边环境来，让人觉得水深不可测。或者，改用诸如镜面瓷砖之类的反光材料，来倒映悬在水池上方的景致，比如小雕塑和令人瞩目的植物，为花园增加光照感。在水池边放一面镜子，对水面倒影再次进行反射，可以进一步增加空间纵深感。

反光材料（对页上）
下沉坐席区中的靠背和坐席下的立面都采用了反光面板，给人以空间扩大了的错觉。

镜面池（对页下）
水池内侧使用了黑色，将满溢的池水变成了一面平滑的镜面，使接收到的光照反射回小庭院中。

特殊设计案例

地下室

现在很多大房子都被分隔为小单元，于是越来越多的人居住在地下或者半地下房间里。给这些地下家庭留出的户外空间，往往只是挤在街道地面和地下室大门之间的那一点点地方，或者是一个下沉的小后院。与这些小空间相邻的建筑高耸在四周，因此这些地方大多阴暗且潮湿，但是我们有许多方法可以将它们转变为时尚且实用的地方。

乡村般的舒适（左）
迎面而来的是众多盆栽植物和各种偶然拾得的小物件，透出一股乡村里的轻松惬意。

经典都市风格（下）
一颗体态苗条的树如同雕塑般立在一角，脚边是一颗盆栽棕榈树，非常契合这个小庭院所处的都市环境。

改善环境

地下环境一般湿气很重。因此要修缮四周的墙面，做好防潮处理，从而确保花园的排水和室外的潮气不会渗入房屋内。如果可以，最好能收集起墙面的露水，并将水引入雨水排水系统。如果你的地下室地势较高，室外是不受潮气露水影响的底土，那就记得给你的花园做好排水系统。在种植之前，需要将底土往下挖掘约1米深，疏疏地填上碎砖垫层（或者类似的材料），然后盖上一层用来种植的堆肥。

结构性改造

通过建造稍许有些高度的“地垫”，就能够对地下室空间进行改造。用两三个“地垫”部分重叠摆放，可以产生一种律动感，让观者的目光锁定在庭院中而不是看向周围的高墙或者庭院之外的部分。在街道地面高度和地下室小入口之间的空间里，可以用一系列缓和的层次感作出相当好的效果，如同128页案例所示。

让地下室增添景致，最简单的方法是利用色彩，如果地处阴影中，还可以用色彩来提高亮度。让空间增大的方法则有粉刷墙壁、使用视错觉画，或者试着用镜子来增加视觉刺激。

视觉标识

为地下室空间提供一个引人注目的视觉标识，可以让小庭院免于被周围的高墙所淹没。不管你选择的是家具、植物还是雕塑，都要确保其尺寸相对于庭院空间的尺寸来说是足够大的，因为小物件看上去并不显眼，就失去了视觉标识的作用。

彩色植物

使用单一色彩并搭配不同明暗调的金银色，此类种植方案可以有效地使庭院变得生机盎然。不过或许你更喜欢用叶子的形状和质感来布置。种植的时候要注意位于围墙墙根的植物，因为高株会逐渐向庭院中心倾斜以获得更多的光照。

“将目光锁定在庭院中。”

季节性陈列（下）
春天里，我们可以用球茎植物来代替繁茂的灌木和一年生植物。醒目的水仙盆栽排成一排，就是绝佳的季节性陈列。

尽可能多地进行种植（底）
窄窄的楼梯通向茂密的植物，那里是这个地下室区域中比较明亮且有光照的部分。

用来平衡结构的植物（对页）
拥有显著形态的植物往往能在阴凉之处茁壮成长，而且能够与周围的建筑结构形成鲜明对比。

设计对象：地下室

这个地下室是位于街道和地下室入口之间的下沉区域。可以沿着陡峭的楼梯从街边往下走到庭院的铺砖地面，庭院四周被墙壁围绕。

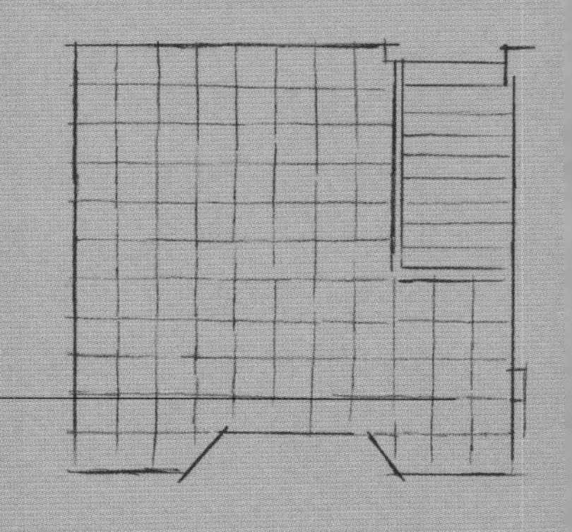

设计方案一

这个方案中，庭院的大变化来自将原有的陡峭楼梯改为有着较小高度差的平台式阶梯。这些阶梯的形状、隐蔽其中的储藏空间，以及栽种着植物的区域，都是有力的视觉标识，可以避免让人们的目光游离到墙面或者望向街道上去。用一个大雕塑作为庭院中心的视觉焦点，种植区域的形态呼应着设计中的各种形状。

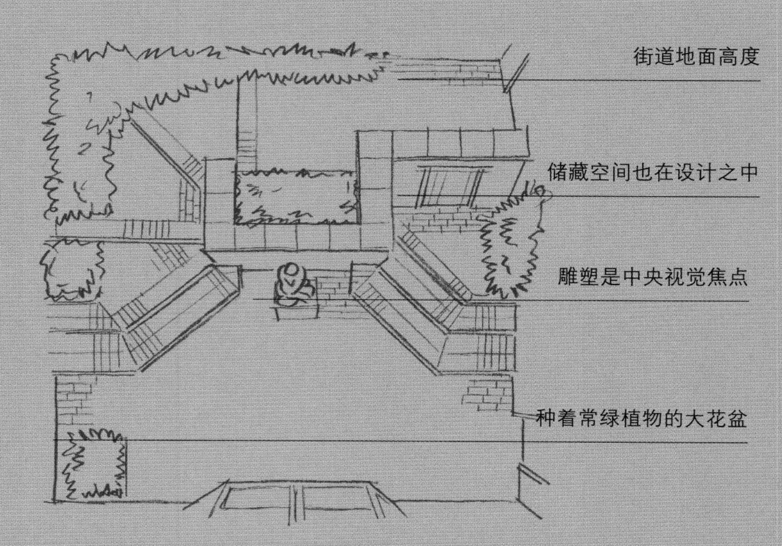

设计方案二

小庭院中经常存在储藏空间的问题。这里储藏空间的围墙成为了设计中不可分割的一部分。这堵墙面可以作为边上一系列平台式阶梯的中心轴，同时也为边上的室内空间提供了私密感。

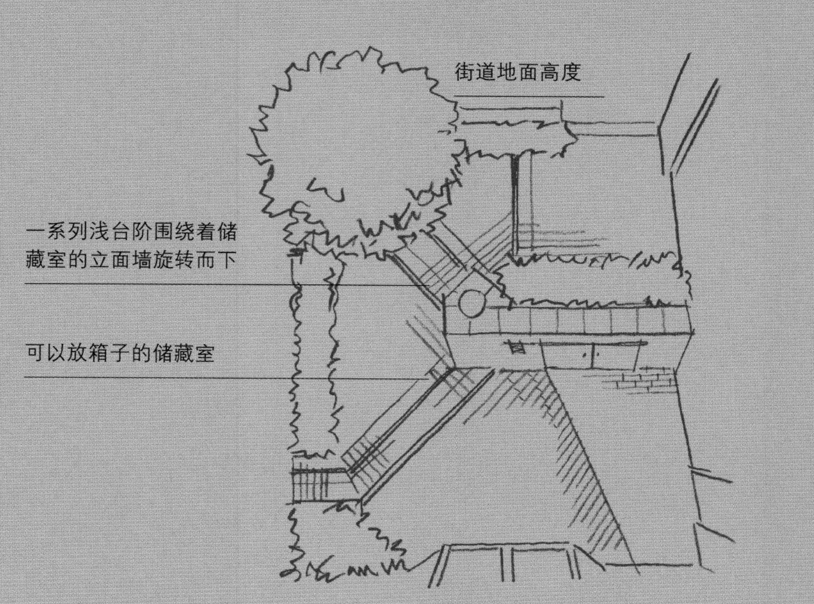

简洁的线条

深入地下的庭院里用钢材做台阶，即使在冬天也不会打滑。大晶格方块装饰也不会显得过于繁复。

狭窄空间

狭窄的通道以及侧门过道通常比较阴暗，有穿堂风，不太招人喜欢。这些地方往往会成为堆放垃圾桶和各种杂物的地方。然而，通过改造一些结构并覆盖上一层柔和的植物，那么无论是走在其间、从室内往外看还是从街道向内看，都会令人赏心悦目。

“过道纵深感给人的牵引力可以用来打造出积极的效果。”

铺路图案（左）
在这幢城市房屋的侧面，有一条典型的窄道，然而路面铺设方式和两旁的盆栽赋予其独特的景致。

挂毯效果（对页）
有着复杂图案的釉彩地砖传递出挂毯的感觉，两旁茂盛的盆栽更让这个过道显得充盈而多彩。

建筑结构性的改造方案

狭长的空间能够让目光穿过通道直达另一端，那里往往是个难看的地方，比如荒废了的篱笆、破败的建筑。这种过道纵深感的牵引力可以用来让目光聚焦到某个惹人注目的景致上去。在过道尽头摆放有着夸张效果的雕塑、基座上放着的大水缸，或者是对面的墙上的视错觉画，都是很恰当的景致。

屏风和藤架

在过道里设置屏风可以起到隔断的作用，或者作为欣赏风景的外框架。如果屏风是用实心材料做成的（可以是能看风景的透明玻璃，或者是遮住丑陋之处的彩绘木板），那么它也可以挡住恼人的穿堂风。

过道两侧高高的建筑或围墙会形成令人局促的“一线天”效果，这种局促感可以通过架设横向的藤架来缓解（更多关于藤架的内容请见186页）。横梁上还可以悬挂几个篮子。砖头、水泥、木材制成的实心屏风，被做成从两侧墙壁中凸出来的拱壁形式，也可以减少这种局促感，而且还可以通过攀缘植物使线条显得柔和优美。

蕨类天堂（对页左）
虽然高架的横梁会稍稍降低下面空间的亮度，但是这样的地方最适合蕨类植物生长了。

视觉焦点（对页右）
粗壮的树桩永远都是吸睛利器，尤其是这里还强化了吸睛效果。

阶梯状花坛（右）
干脆利落的设计将这个微不足道的小空间转变为一个实打实的花园。

简洁的方法（上）
大缸里的竹子效果绝佳，细长的叶片让更多的阳光照进了屋子。

坚与柔（左）
大大的石头台阶边缘被绿叶覆盖，场景就显得柔和起来。

柔软的叠层

在用建筑结构性的方法解决了空间里基本的视觉短板之后，再用植物覆盖其上，能使建筑外形的生硬感被植物的柔和感所取代。花槽或者花盆是必需之物，因为大多数植物都可以种在花槽或者花盆里，而且如果空间本身没有土壤，因此这样可以免除需要大量培土的麻烦。由于遮蔽和穿堂风并不是理想的生长环境，因此你需要选择坚韧易活的品种。如果想要全年都能维持造型，那就选择好看的常绿灌木，比如火棘属植物（可以在全阴处生长）或者八角金盘（可以在半阴处生长）。攀缘植物可以用来打破整面墙的压抑感。爬山虎属植物可以经受住穿堂风的考验在半阴处生长，还有常春藤属植物可以在全阴处存活。

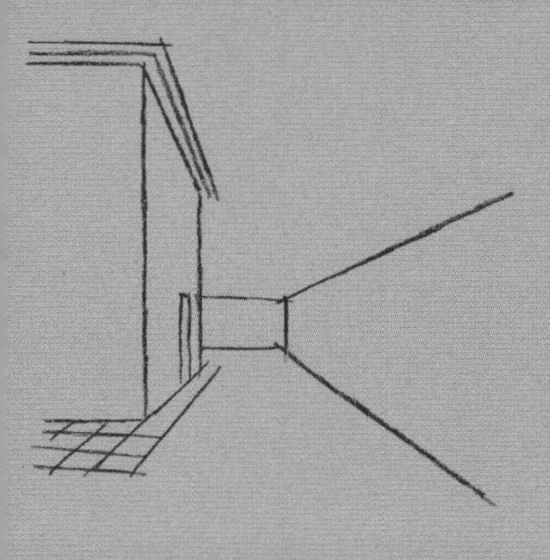

设计场所：狭窄空间

本页展示了三种可以改造这个毫无魅力的侧门入口的设计方案。右侧墙面的存在，使得人们的目光无法停留，直接被引导着穿过这片空间落在远远的另一端。入口处的风也不小，站在图示的位置，就要面对从过道呼啸而来的穿堂风。

设计方案一

在过道里用砖头砌出三个错落有致的花坛，分散了人们对于狭窄和纵深的注意力，于是目光就会挨个儿落在这三个花坛上。花坛里的常绿灌木还能有效起到遮风的作用。

设计方案二

木框玻璃屏风能够挡住过道里的大风，却不会挡住光线（如果想用屏风完全遮挡住不想看的风景，就改用彩绘木质屏风）。在玻璃屏风的另一侧，用彩砖屏风来呼应玻璃面板的造型，地面T字型的地砖显得宽敞而友好。

设计方案三

这里使用了三种铺面材质来打破狭窄的感觉，给人以扩大空间的错觉。砖铺路面引导目光越过前景到达沙砾地面以及其后的草丛。

楼梯

虽然楼梯并不符合大多数人对“花园”的想象，但其实对于在都市中苦苦寻求园艺空间的人来说，楼梯却提供了栽种植物的宝贵空间——可以在台阶的一侧或者两侧都放上盆栽或者直接种上植物。通过设计和造型，还能够使之与建筑和内饰漂亮地结合起来。

“弯曲的楼梯带来了韵律感。”

优雅的弧线（左）
楼梯的曲线优雅地贴合着其后的凸窗。

乡间台阶（右）
石头与砖头混合搭配，更有乡村的感觉。

排成列的盆栽（下）
这几步台阶的宽度足以在左右两侧各自放置一排风格相近的花盆。

布置台阶

替换破碎的砖块和台阶这种基础的结构性修缮，能让台阶更加安全，却无法改善其整体形象。只有注意改造楼梯细节，才能达到这个目的，比如增加漂亮的扶手或是灯光效果。

如果需要新建楼梯，则必须通过设计使之能与周边建筑融为一体。你需要选用相同或者近似的材料来模仿建筑的特点。比如，有拱顶门窗的建筑就适合搭配带弧线的台阶。

如果台阶底部有直角拐弯，就能够让这段楼梯显得很宽敞，而且在这里放置盆栽或者雕塑不会挡道。弯曲的楼梯带来了韵律感，楼梯下的空间还可以用作储藏室。

适合摆放在台阶上的植物

沿着台阶布置的植物应该有大胆而突出的造型，从而能够平衡台阶结构分明的外形。理想的植物是常绿灌木，它们能够有造型且能全年都是绿色。扶手和台阶边的墙面可以用攀缘植物装饰，而五彩缤纷的盆栽一年生植物本来就适合放在台阶上（注意不要挡住通道）。如果你居住在繁忙的道路边，就要选择能抵御尘土的植物。

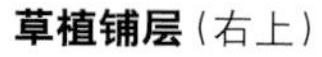

草植铺层（右上）
用自然形态的石头叠放出的台阶展示出巨大的力量感，而造型大胆且装饰性强的草植起到了弱化作用。

聪明的搭配（右）
这段异常美丽的楼梯有着弧形的台阶，台阶其实是木质的，但是为了搭配房屋墙板而刷成白色。

简洁的木板（下）
在这段简洁的木质楼梯边，用丰富多样且引人注目的树叶搭配，起到了视觉平衡的作用。

设计对象：楼梯

这段老旧的楼梯从街道地面的高度通向都市家庭，经过以下三个方案的改造就能成为魅力四射的门口“花园”。这几步光秃秃的台阶不仅不能吸引人，而且破旧断裂的台阶面也很危险。

设计方案一

整段楼梯都重新进行了设计和重建，直角转弯处用盆栽装饰，显得很是宽敞。

设计方案二

用砖砌小立柱上的浅色石球搭配水泥台阶，不仅让楼梯有了节奏感，还能引导目光一路向上。

设计方案三

原有的楼梯被内嵌储藏柜的木质楼梯结构取代。植物柔软的外形与楼梯结构的直线条形成了对比。

屋顶

对于城镇或者都市居民而言，屋顶是一片尤为珍贵的地方，可以被打造成为适合享受日光浴、进行娱乐活动、露天用餐等活动的舒适空间，孩子们也可以在这里玩耍（前提是要有妥善的安全措施）。

“头顶的天空，远眺的风景，
足以让人沉浸其中。”

打造天台房间

你可以在屋顶尝试打造出与房间一样温馨的感觉，坐在天台上就像在家里一样舒适，而不是趴在围栏向外眺望。头顶的天空，远眺的风景，足以让人沉浸其中。为了让天台更加舒适，你可以粉刷墙壁，用防水屋顶或者轻质地板砖替换或者覆盖原有的屋顶，并增添夜景灯光和家具。

下一步就是用植物带来新鲜的绿色和其他色彩，使得周围荒凉的都市森林显得柔和起来。由于屋顶是露天的，永久性安置的植物需要选用适应能力强的（适合的植物品种请参考314页），或者搭建能挡住强风的遮挡物。

方便的供水设施和定期维护是天台花园成功的必要条件，因为风吹能让植物缺水、叶面焦黄，而花槽提供给植物的水分很有限。

在利用屋顶或者更改屋顶建筑结构之前，一定要征求房东以及建筑结构工程师的意见。沉重的物件最好能够被放置在承重结构的正上方或者很靠近的地方，一般屋顶边缘地带就是承重区。

下沉式的入口（对页）
进入这片有遮挡的天台的方式是从高一层向下走，于是就有了这个无敌风景的阳台。

花箱（上）
花坛用料为双层铝皮，用来给植物隔热，同时也包围起了这片位于砖砌烟囱丛林中的小小的木质地板露台。

花槽（左）
这些高高的花盆围出一块有趣的空间，同时也遮住了围栏。

家具

铁锈色的坐席/储藏柜单元与上面的花坛构成了协调的结构元素（上）。铝制家具全年都可以旋转在室外（下）。低矮的草植搭配中欧山松有挡风的功能。

设计对象：屋顶

本页展示了两种完全不同的方法来改造从未使用过的屋顶。原屋顶用沥青密封，并且左侧有一组废弃不用的烟囱。进入屋顶需要通过视点所在位置的一扇窗户。在设计方案一中，这扇窗被改成了一道门，而方案二则是在铺石屋顶的斜面上另辟出一个入口，斜面的内侧改成了新的起居室。

设计方案一

这片被人遗忘的屋顶被改造成明亮的休闲房间，可以举办派对或者放松休息。在废弃的烟囱前架设了吧台。

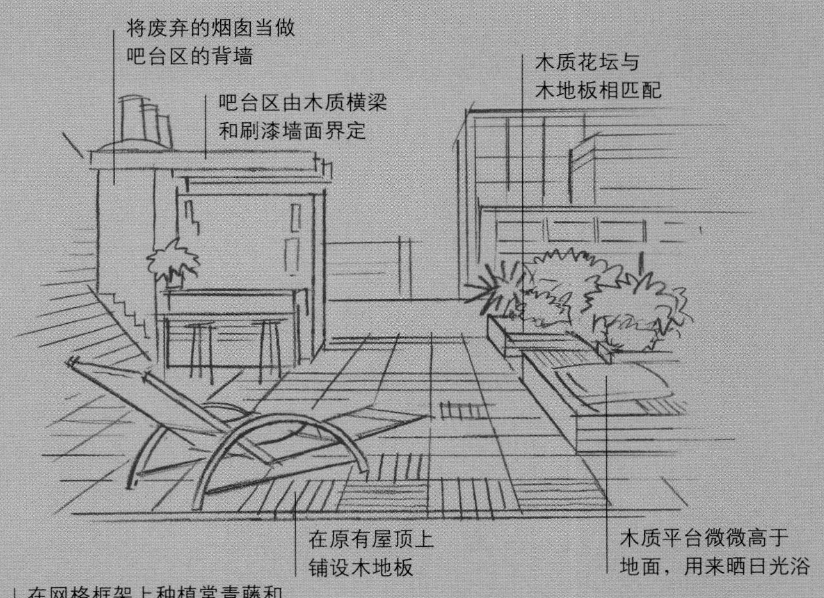

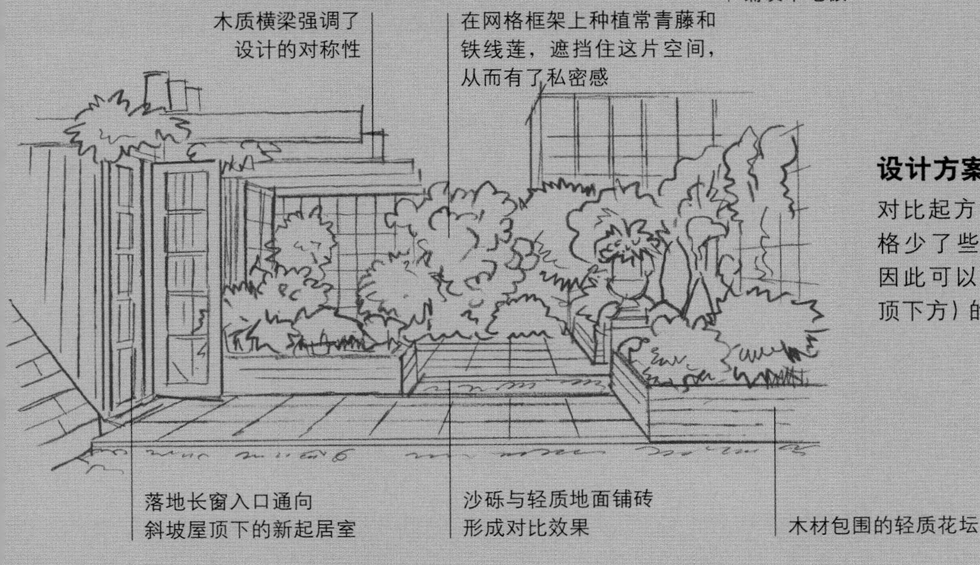

设计方案二

对比起方案一，这个屋顶设计风格少了些卖弄，显得更加正式，因此可以用作新起居室（斜面屋顶下方）的视觉外延空间。

阳台

阳台无论有多小，都可以转变成为室内居住空间宝贵的视觉延伸，全年可赏，虽然有尘土有风吹，但并不妨碍人们在其中摆放少量植物，夏日里也能够在阳台上小坐、娱乐。

“室内居住空间的宝贵的视觉延伸。”

引人注目（上）
虽然可供使用的空间很狭窄，但是从室内看过去，有植物的阳台总是非常引人注目。

一半一半（右）
这片屋顶的一半成为了小温室，剩下的一半刚好足够用来在阳台上摆放盆栽植物。

装点阳台

将阳台和毗邻房间有机结合在一起的最简单的方法，就是室内外铺设同一种地面。在室内地板上放几盆植物也有助于将室内外看作一体。在阳台上可以使用风格与室内一样的家具，或者干脆拎几把椅子出去（这样也能解决没地儿存放家具的问题），然后在户外也采用与室内相同的配色方案，比如把外墙刷成与室内一样或者类似的颜色。

如果为阳台提供人工照明（无论灯在室内还是室外），那么夏天的时候你就能更好地利用阳台的功能了。但其实，无论什么季节，温馨的灯光都可以在入夜后把阳台变成一道风景，在欣赏外面万家灯火的夜景时，阳台就是一片不错的前景。

起居室景色（左上）
从房屋内看出去的景色与阳台的功能性一样重要。

创意用法（上）
桌子的基座部分是下方空间中的透光天井，清爽而简洁。

阴影和遮蔽

制造阴影最简单的方法是使用伞状的遮阳篷（见240页），或者是类似对页设计方案一中的卷帘。但其实植物除了好看也很实用。沿着网格框架、篱笆或者扶手培育的黄杨树之类的灌木或者常青藤之类的攀缘植物，可以挡风、营造出私密感，同时也能挡住不想看的景色。如果你有很多植物，最好在附近设置一个供水点，以便浇灌（适宜用在阳台上的植物可参考314页）。

如果你的设计涉及改变建筑结构，那么就需要提前确认你是否获得了必要的许可，并且要咨询建筑结构工程师，了解阳台的承重能力。

装饰性的入口（左下）
阳台入口处用盆栽竹做屏风。悬吊屋顶会导致植物迎着光朝外侧生长，给入口处增添了隐秘感。

与阳台相连（下）
自由生长的植物将这个城市中的露台花园与突出墙面的阳台有机地联系起来。

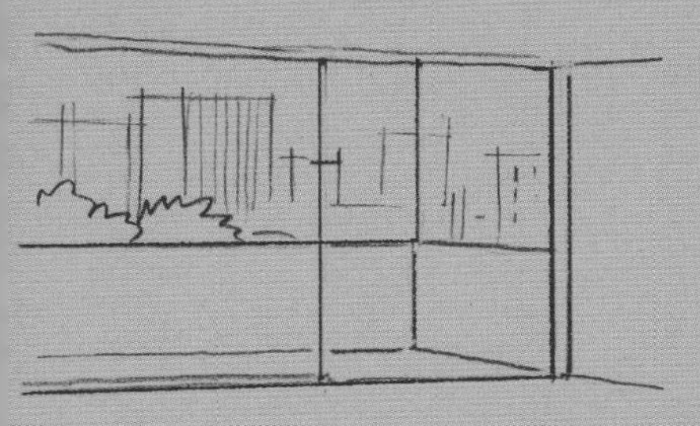

设计对象：阳台

以下三个各不相同的设计方案都能将这个都市中的小阳台改造为惬意的小角落，且在风格上与室内空间保持一致。这个阳台有半人高的低矮围墙，与邻居的阳台间用玻璃嵌板隔开，并通过两扇玻璃移门与室内房间相连。

设计方案一

这里的设计理念是在室内外均采用造型大方的热带图案和配色，使阳台充满阳光，并且能与室内环境联系在一起。

设计方案二

黄色的篱笆带来了阴凉和隐蔽感，而且通过修剪树枝，黄杨树能在一年四季中都展示出其整齐的造型。花盆里栽种着鳞茎植物和一年生草本植物，带来了季节性的色彩。

设计方案三

用墙面对阳台进行部分遮挡，形成了两扇“窗户”。百叶窗屏风可以左右滑行开合，从而能够展示不同部分的阳台和天际线，带给人一种类似舞台布景的戏剧化的感觉。

窗户

通过粉刷油漆并利用栅格结构、各种植物和花盆进行装饰，窗户也可以成为非常漂亮的焦点，而且对于只有在窗户外才能进行园艺的人来说，这点空间就显得尤为重要。仔细规划、精心种植，当窗户花园的效果呈现出来后，能带给人巨大的成就感。

“选择适合窗户风格的植物和花盆。”

引人注目的窗户（左）
给窗户遮板刷上颜色，配以色彩斑斓的几盆矮牵牛花，整体效果明亮而引人注目。

传统创意（对页）
这里展示了搭配四种窗户的四丛植物组合。使用花盆和花槽可以让你在换季时迅速更换植物，使窗户在不同季节里都能容光焕发。

老式装扮（对页）

这个窗户用传统风格装饰，通过与矮牵牛和半边莲的撞色对比，老气的秋海棠也焕发出勃勃生机。

利用攀缘植物（上）

攀缘植物能够环绕窗户生长。这里，茉莉花和铁线莲不仅提供了色彩，而且还能散发出清香。

装饰窗户

通过观察窗框的色彩、周边的墙面以及室内的配色方案，来选择适合窗户风格的植物和花盆。问问自己更注重窗户的户外效果还是室内效果，如果希望从室内看到的窗户风景也赏心悦目，那就要选择在室内也能看到的花盆。

如果你的窗户外没有窗台，或者你的窗户是向外打开的，那就在窗沿外侧悬挂窗式花盆箱，或者在窗外墙面围绕着窗框架设花盆。还有一种方法是在地面种植攀缘植物，让它顺着墙面爬上来，绕着窗户生长。如果你的窗户位于一楼，但却希望保留私密感，那就采用在窗式花盆箱里种花的方法，或者在窗外地面种一些植物挡住过往行人瞄向屋内的目光。

屋外储藏间

很多小花园共有的问题是缺乏储藏空间——不仅需要存放必需的垃圾桶，而且需要放家里各种杂物、孩子的玩具，还有花肥、花盆以及园艺工具。

在大庭院里，这些东西一般会放在小棚屋或者隐蔽的角落里。然而在小花园中，独立的棚屋太占空间，且很难有效遮挡，因此需要另辟储藏空间。

嵌入式储藏间

一种解决方案是将储藏间设计成为花园内在的一部分。用砖头、木材或者其他材料将其融入花园背景。将花园里犄角旮旮的地方巧妙地利用起来，按照你的具体要求来设计并制作贴合花园空间的橱柜。对页的三种设计方案展示了在房屋入口处嵌入储藏间的不同方法。这样储藏间就成了门户设计的一部分，兼实用性与美观性于一体。

用来储藏杂物的橱柜必须便于进入且易于清理。长期存放的物品则可以放置在不易够到的地方。理想的形态是用砖垒成中空的坐席，然后表面铺设木板。

其他方案

我们可以使用类似爬满攀缘植物的网格这种有孔洞的屏障，或者类似紧密捆扎的竹竿这类实心屏障，来辟出一小块存放垃圾箱或者花肥的区域。树篱笆也能达到相同的效果，不过记得要选用常绿植物，否则这个屏障就只能做到季节性而非长期有效了。

深思熟虑的储藏空间（下图及对页）
当空间匮乏时，储藏间就至关重要了，但是储藏间的隐蔽性也很重要。要根据自己的需求来建造储藏间。这里展示了一些整洁大方的案例，其中有各色橱柜，还有一个可以滑盖打开的结构。

设计对象：储藏间

这里展示了三种嵌入式储藏间单元的设计方案。

橱柜门可以上翻打开，适合日常使用

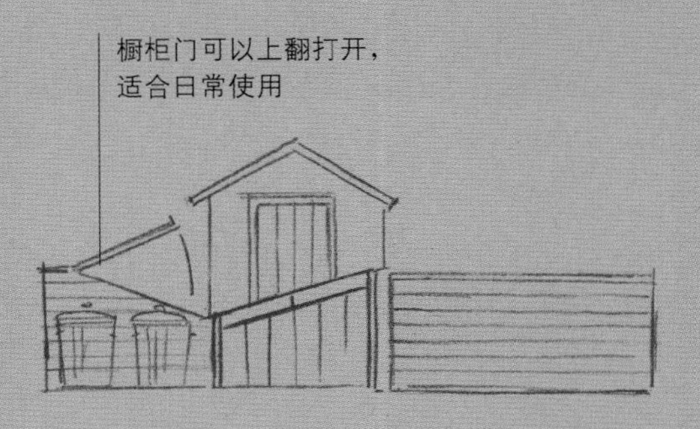

储藏柜被设计成大门的延展部分

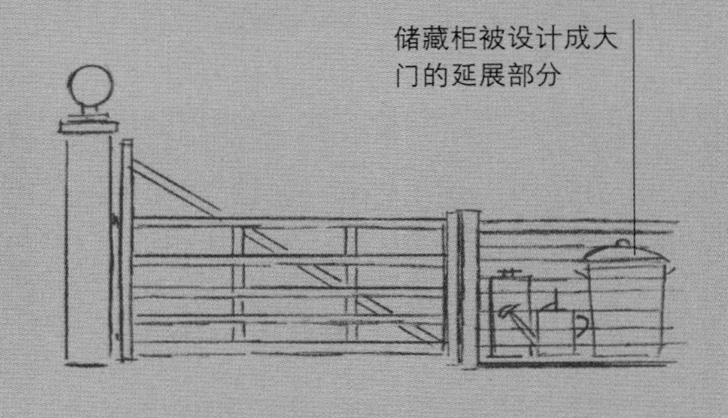

左右各一个带斜边棱角的橱柜，以呼应大门的建筑风格

结构

空间的特质是由建造材料、
各结构体的布局以及家具摆放的方式共同打造的。

富有创造力的对比

画面前景中茂盛的植物与后方水景周围的处理方式形成了鲜明的对比，二者用角锥状的鹅耳枥联系在一起。

花园的硬件

在小空间的花园里，花园的结构是最让人兴奋的事情之一，而且在大多数情况下，这也是最重要的事情，因为花园的尺寸和位置会限定植物栽培的规模，甚至否定其可能性。诸如沙砾、铺砖、墙壁等各类表面形状以及材料，赋予了花园永久性的图案、色彩和质感。甚至对于那些只醉心于园艺的人来说，结构依然重要，因为单纯地把一大堆植物放在一起，而不是栽种在造型明确的永久性结构中，最终只能得到不伦不类的大杂烩。结构本身就能够成为主要的视觉焦点，比方说这里展示的

叠加形状

想象一下这个花园的平面图，就可以看到不同形状叠加在一起。花园的连续性一部分体现在水面的流动，但将花园各部分更紧密地联系在一起的是地面铺砌。

喷泉和水池；或者与植物搭配，相得益彰，达到硬朗与柔软间完美的平衡，下图中的这个花园便是如此。惟有结构方能把花园与其所处的位置在视觉上及实质上联系在一起——是结构将房屋与花园、花园与外界环境联结了起来。与相邻的空间（一般指房屋和室内环境）结合得越紧密，小空间就显得越大。

花园里的结构还能为人们提供遮蔽和保护隐私，具有实用性，人们可以在这里行走、放置家具等。一个好的结构不仅能满足你的需求，也能满足植物的需求，满足其中各种花园“家装”物品的需求。

阶梯元素

花园入口的造型与几个不同高度的花坛结合在一起。栽种着的树蕨进一步延续了花坛结构的阶梯元素。画面前景中的雕塑与这几个花坛形成了平衡的关系。

结构与植物

这个花园主要的结构特征是台阶与小瀑布，木材的使用减弱了造型的视觉冲击力。此外，植物还非常漂亮地遮挡住了一些本会显得过于细碎的结构。

1 带护顶的混凝土墙体
所有界墙均由混凝土浇筑而成，不过也有可能使用混凝土砖。墙体用木材做了护顶。

2 引人注目台阶
同一种木材还被用于铺设通往花园中心的台阶。这个花园中有许多元素，台阶虽然简单，但细节仍然非常引人注目，效果显著。

木条长椅（上）
这个嵌入式长椅看上去就是用木条简单堆砌而成的，但是靠背上嵌入的装饰性叶形浮雕却带来了精致的感觉。

4 逐渐降低的墙
使后墙的颜色显得模糊，从而凸显出前面茂盛的草植。这里种的是发草。

5 草植栅格
在地砖间铺上草坪，延续了主要景观植物带来的柔软感，可以使用割草机修剪，割草机储存起来很方便。

3 结构性瀑布
瀑布的造型如同花园里其他细节一样敦实。其下的蓄水池内有自循环水泵，隐蔽在堆放着卵石的栅格网下。水泵连接着水管，将水向上输送至位于后墙角下的小蓄水池中，然后缓缓流下，形成瀑布。

漂亮的包边（右）
木板露台的包边是个棘手的活，如果露台与地面有高度差就更是如此。这里的处理方式是直接沿着下方的卵石地面做包边，流畅而简单。

围挡

墙体

传统英式乡村封闭式园林成为众多小空间园艺师效仿的模板，其中一个原因是，小空间往往被周围好几层高建筑或者隔壁邻居花园的墙面所拘囿着。但是采用乡村园林的方法并不能避免都市花园中常有的令人不快的幽闭感。有时候我们不得不修建新的界墙或者替换掉原先破碎的界墙，但更多时候我们需要解决那些“传承”下来的墙体对小花园空间所造成的影响。界墙越高，人们就越容易向上看，让目光落到被高墙围绕的深井之外，因此花园设计就越需要抵消这种倾向性。其方法是建造出一个或者一组特别显眼的东西（要与墙的尺寸成比例），让目光驻留在花园中，或者用各种方式装点墙面。

“将界墙立面当做舞台布景的背板。”

翼墙（下）
墙体归根到底是一种屏障。这里两扇对称的翼墙不仅能吸引人们的注意力，还能起到伪装的作用，并且墙体本身也是一种雕塑般的存在。

布置小空间时，不能因为空间小就把结构也做得很小。为了让设计对象吸引注意力，必须要使之与周围墙体的大小形成比例。假设一个小花园四周界墙高2米，那么就要用这个长度作为标准来规划空间中的结构尺寸，比如将种植区域、地面铺砌区域或者儿童玩耍的沙坑设计为2米 × 2米见方，这样通过将墙体规模应用到空间设计中，你就能有效缓解高墙带来的“捆扎”效果。

至于花园中的元素要做成什么风格，那就要看房屋是什么风格，以及房屋和花园里使用的是什么材料。如果用与墙体和房屋相同的材质来建造诸如长椅、小水池等结构元素，其和谐的效果就会非常令人满意。

金属网墙面（上）
铁丝网上长着在石头缝间随机播种的植物，形成有趣的“乡村”效果。

“不能因为空间小就把结构也做得很小。”

利用界墙

将界墙立面当做舞台布景的背板，再用矮墙为这个舞台布景增添亮点，从而将人们的视线从界墙顶端引回到地面来。如果原有的界墙结构稳定结实，可以在矮墙和界墙之间的空隙中安装排水、填上土壤、种上植物。但要注意的是，在小空间里，千万不能沿着原有的界墙建一整圈挡土墙，这样反而会强调原有墙面带来的紧紧“捆扎”的效果，使墙面显得更有压迫感。应该采取的方式是，打破挡土墙的连续性，并以这道墙的尺寸为基准来规划空间的形状和图案。注意挡土墙需要非常结实且防潮。仔细留心这些方面，你就能在后续环节中节省时间和金钱。

矮墙还能用来支撑铺砖平台或者设计成阶梯状的一系列平台。平台的布局需要适应花园空间的形状，也需要与相邻建筑在风格上保持协调。根据空间长宽比例和房屋的风格，你的花园可能适合用古典对称布局；如果你的房屋拐角处与院子形成了锐角区，那就要考虑非对称的布局。

彩色界墙（上）
这个小空间有三个关键元素，其一是彩色板块拼成的墙面，另外两个分别是雕塑般造型的大树以及向庭院中央水池倾斜的滴水槽。

混凝土框架墙（顶）
彩色的混凝土框起了这片令人印象深刻的热带植物，前景中的摆设呼应着植物间散布着的雕塑元素。

建筑结构平面（上）
这个案例中，墙立面和搁架富有建筑设计感，衬托出前面的花盆和卵石。

搁板与嵌板

你可以在外墙上安装一些搁板来展示收集的盆盆罐罐、卵石和贝壳。当然首先要确保墙面足够结实，能够承受这些搁板和各种物品加起来的重量。天台花园中，为了减轻屋顶承受的重量，可在毗邻天台的承重墙上架设搁板来展示盆栽植物和装饰性的小物件。

用雕刻面板也可以有效地装饰墙面。将有彩绘或者上漆了的木头边料嵌在木板上，就能为原先平白无奇的墙面增加有趣的质感。要给光秃秃的墙面增添色彩和质感，理想的选择是攀缘植物或者能从墙顶悬垂而下的植物。除了能够装饰墙面，它们还能节省宝贵的地面空间（部分攀缘植物细节请参考288页）。

利用攀缘植物

将墙面涂成一种颜色，然后让与其成对比色的攀缘植物附着其上，这是一种令人惊艳的组合。栅格嵌板（可以粉刷为彩色）加攀缘植物的组合可以用来遮住不好看的墙面。长期以来，常春藤之类能够主动附着于墙面的攀缘植物会慢慢腐蚀老旧墙面的石灰砂浆，然而现在的水泥砂浆则坚韧得多，攀缘植物一般不会对其造成明显的负面影响。无论是何种墙面，对上面的攀缘植物都需要进行深度修剪，尤其是常绿品种，才能有效预防出现枯枝败叶或者被鸟儿们筑巢，不然就会导致潮气入侵墙体结构。

格子墙面（下）
厚实的格子成为花园图案的一部分，其上攀爬着轻巧而精致的花叶。

棋盘墙面（底）
引人注目的棋盘效果，可能是喷涂而成，也可能是使用了混凝土面板。

墙面维护

照顾墙面非常重要，因为潮气和攀缘植物的气生根容易使墙变得脆弱，尤其是灰泥比较松散的老旧墙面。墙面潮湿时，需要在出现问题前及时处理。建议请专家确认潮气的来源。说不定是因为邻居在墙的另一面高于你做防水的位置堆上了土壤，或者墙面根本没有做过防水措施。

装饰室外的墙面时我们也可以采用室内的方法——粉刷墙面，铺上面砖，挂上陶盆，架上搁板等。这种方法可以为小空间提亮，尽可能地为地面腾出空间，而且能打破界墙的固有格局。在气候暖和的地方，墙面一般会被刷上鲜艳的色彩，以抵御日间的强光；而在比较阴暗的地区，装饰的主旨就是驱走阴郁。在四周封闭的小空间里，用不同明暗调的同一种颜色来粉刷墙壁，能够给小空间带来活泼生气，从而抵消原有的压抑感。

我们可以在墙上画出有着各种形状色彩的抽象图案或写实的风光景色，还可以伪造出虚假的阴影，当它与现实中的阴影叠加起来时，能产生颇有趣味的视觉效果（如何使用“特殊效果”请参考118页）。

“将墙面当做一块空白的画布来精心装扮。”

聚焦于墙面

在室内装饰中，我们乐于使用彩色墙漆、给墙挂上面板或安装搁板以展示收藏的盘子，还在墙边立上雕塑造型。然而到了室外，却往往束手束脚地放弃这些做法。在户外的墙面装饰中我们可以使用与室内装饰一样的技法，而且户外还有一个加分项——我们能欣赏在墙面上布置的攀缘植物和藤蔓植物的颜色和质感，这样不仅能营造出如同室内般的和谐氛围，还能缓解高墙围绕下小空间常有的束缚感。通过将墙面当做一块空白的画布来精心装扮，我们能够使其自身成为一道诱人的风景，或者将墙作为花园前景中各种造型的背景。

花卉栽培者的墙面（对页左上）
将石块垒成棋盘状，就形成了一个个可以栽培植物的小口袋。堆肥用横木遮挡住。

耍蛇者（对页右上）
这个惹人注目的墙面为混凝土材质，呈蛇形或波纹状弯曲。

热带混搭（对页左下）
热带花园中的这堵五彩墙是用马赛克嵌在水泥墙上做出来的。

室内的户外（对页右下）
玻璃砖块一般用于室内，但也能在户外使用，砌出一面光影变幻的隔墙。

墙体选材

选择墙体材料时，你应当考虑到不同材料的色彩、纹理、单元尺寸与墙面周围结构如何搭配在一起。试想一下多种单元材料堆砌起来的效果，因为单独看一个样品的感觉与最终的效果，可能会大相径庭。

砖头可以有丰富的色彩和纹理，几乎总能找到一款能够与特定环境相匹配的砖头，因此成为了最常用的材料。砖头小小的体积使之能够理想地应用在各种狭小或者奇形怪状的空间里——这些地方往往需要建造弯曲或者形状复杂的墙体。砌水景、坐席等结构时，砖头也是很棒的材料。建造墙体时可以选用工程用砖、贴面砖、空心砖、普通砖、二手砖等等，砖头也能够被重复利用。

工程用砖最为坚固（整块砖都是）；贴面砖没这么硬，但比空心砖和普通砖强一些，后两者需要在外层再覆盖一层灰泥以抵御霜冻。工程用砖和贴面砖都能作出光滑平整的表面。相较而言，二手砖，即重复利用的砖头（回收的必须是足够坚硬的砖头，包括工程用砖和贴面砖），表面会因为损耗而不太平整，这种砖适合用在新旧墙面相连接的地方。贴面砖仅有加工的那一面能够防水，因此砖墙的顶部需要加装封顶保护起来。

混凝土砖可以由许多材料混合制成，因此能够做出非常多的色彩和纹理。混凝土砖比其他砖大一些，也便宜一些，因此建造水泥墙比建造砖墙更快更便宜。混凝土也可以现场浇筑，这样墙体就更加结实平整。在乡郊地区，最适合周边建筑和环境的材料一般都是当地的石材。人造石有着更加规整的外形，因此比较适用于都市环境。

干砌石
随机叠放石板形成的墙面，让人想起乡间的小道。干砌墙必须由行家垒砌。

浇筑水泥
这堵粗壮的水泥墙为盛开的野花提供了完美的背衬。

燧石与碎石
在英国的一些地方，燧石和碎石是传统建筑材料，一般用来给普通砖墙贴面。

色彩渲染

彩色墙面上，用长方形的直线切割并框起了后方的曲线雕塑，墙面的颜色呼应着植物的色彩。

铺路石

这堵干砌墙垒得更为整齐，长满青苔后的效果会更好。

金属格

一面面倾斜放置的镜子使墙边的陈列展示出了最好的效果。

彩色背景

这堵彩漆混凝土墙将花朵的颜色和形状衬托得非常漂亮。

二手砖

这堵墙已经过岁月磨砺。墙面朝向南方，储存起阳光的热量让墙角的植物

装饰用瓷砖

在平滑的墙面顶部用瓷砖堆砌出弧线，没有更多的修饰，与地面的圆石形状形成对比。随着高度逐渐增加，平滑的墙面有助于引导视线向上移动。

围栏

围栏形式多样，在空间较小的花园中有诸多用途。高高的围栏板可以形成如界墙一般的障碍，营造出私密感，也提供了遮蔽，同时还比墙体更便宜、更易于安装、更轻便（因此非常适用于屋顶和阳台）。透空式围栏经常用来作为装饰或者延伸墙体的高度。还有一些围栏可以作划分界限之用，这时围栏作用不再是屏障，而是引导你的目光穿过其间的缝隙，窥探到外面的世界，让你感觉小空间变大了。在小花园的空间里，遮挡物（遮住人或者植物都可以）能形成隐蔽的区域，为有趣的造型提供欣赏时的画框，也可以给攀缘植物或者蔓性植物提供装饰性的攀爬支架。

围栏的种类有数十种。有些是预制成品，比如“落叶松”围栏或网格栅栏，购买时需要以板面计算。其他的则可以现场拼装，比如带木质边框的铁丝网，或是用竹子捆扎成一排。依据围栏的高度、形状以及材质，围栏的最终效果可以是坚硬且具有建筑特征的，也可以是自然而质朴的。具体如何选择取决于你需要什么样的屏障，以及花园里使用的其他色彩和材料，比如砖头、混凝土、木材、金属等。

钻石形尖顶的一次性栅栏（上）
这条蓝色的栅栏边界是一道独特的风景。

“形成隐蔽的区域，为有趣的造型或景观提供欣赏时的画框。”

立体布景

网格栅栏后侧用竹子密密捆扎，形成了三维效果，并凸显出树叶经过修剪后的外形。

装饰性的分隔物

人们往往需要在花园空间和周围环境之间做出某种分隔。比如你可能需要分隔小前院与街道，或者假设你的花园与邻居的花园之间是一道铁链立柱栅栏，而你想要换成一个不那么简约的围栏，为自己提供稍许隐私。在选定某种围栏前，你需要问自己几个问题。你想要的是一个与外界隔绝的空间，还是只是要一个漂亮的围栏分界？或者，举个例子，你是否想保留花园一侧的景色并且遮住另一侧难看的建筑呢？

传统别墅（左上）

别墅花园中经典的尖木桩栅栏，绝佳地衬托出传统花园植物。

竹后有竹（上）

将细竹竿固定在比较坚固的木头立柱之间，短期看来效果不错，但是这种竹子很容易坏掉。

全包围式围栏

我们总是热切地希望给自己提供隐私或遮蔽，于是常常给自己的空间包上又高又结实的围栏，结果使得空间的局限感更加明显，还容易让人产生幽闭恐惧。有一些方法可以减轻这种负面效果。一种方法是跟在高墙环抱中的花园一样，通过花园里醒目的造型或者图案，与被围栏框起来的空间形成一种平衡；另一种方法是用大片植物来弱化围栏的边界感。围栏可以标出花园的地界，也能把宠物和孩子挡在内侧。

结实的网格（顶）
金属条交织成网格状，这比木材结实多了。

日式屏风（上）
竹竿竖直排列，搭配上网格，透出恰到好处的日式风味。

开放式围栏的类型众多（比如铁丝网围栏和网格围栏），最好要选择与你花园风格相称的那一种。透空式围栏能很好地为攀缘植物提供支架，占地空间非常小，因而能够成为小花园的理想配置。攀缘植物可以填充围栏的空隙，形成季节性或者全年都有的遮挡屏障并提供隐私，也可以沿着网格围栏生长，装点墙面。在木头立柱之间拉上铁丝，就是一种不错的围栏及植物攀爬支架，简单易行。围栏比墙体轻了很多，因此在阳台或者屋顶上，围栏可以在起到遮挡作用、提供隐私的同时，不对建筑结构施加太多压力。需要确保不存在任何违反规划条例的情况，也要确保围栏足够稳固可靠，不会被风刮倒。

花园内的围栏

围栏（包括栏杆和金属围栏）可以用于花园四周，也能用在花园内部。围栏可以遮挡你不想让人看见的部分，例如垃圾箱、油罐、堆肥之类。编织网板或者封闭式围板可以出色地完成这个任务，而透空式围栏在覆盖上常绿攀缘植物后，也可以做到。在露天就餐区或享受日光浴的小区域周围完整或者部分设置围栏屏障，又有私密感又能挡风，而且如果材料得当，还能营造出室内的氛围。围栏的另一个优点是，能以其视觉效果用作观赏性的屏风，为花园观景提供边框。而且当人们从围栏网格的缝隙里向外一瞥时，外面的风景会有虚化的轮廓，从两扇间隔很近的屏风的缝隙向外看也会有这种效果，让人产生对空间大小的错觉，再小的空间都可以用这种技巧。

木桩效果（右上）
劈开针叶树桩作为围栏，形成了坚固的边界。

轻质效果（右中）
镀锌铁丝网格屏风，中间剪出圆形观景口。

菱形网格（右下）
这里的实心围栏一侧加装了网格架，并刷成同一种颜色相配在一起。

隔着栅栏的艺术（对页）
这片铁栅栏屏风已被自然锈蚀，衬托出后方的雕塑。

围栏材料

围栏选材应视其用途和所处环境而定。比如黑色网格围栏搭配简洁的植物和周边黑色而雅致的家具，就成为了用餐区精致的屏风；而简单大方的尖顶原木栅栏则适合被用来当做街道与乡村风格的城市花园之间的分界线。最常见的围栏材质包括塑料、金属和木材（混凝土一般只应用于围栏立柱）。很多围栏是工厂预制并现场安装的，但有些这样的围板对于你的场地来说会显得太大。通过自行设计，就能为你的空间量身定制尺寸合适的围栏，而且能做到与花园其他部分的风格一致。

相比较乡郊地区，塑料材质更适合都市环境，且不需要维护。塑料围栏大多需要预制，高度较低，其用途在于标明地界而非建立封闭环境。成筒的轧花网和荷兰网（有些经过浸塑处理）等金属围栏，最适合用来围不规则形状的空间。这类网可以用金属、混凝土或者木质立柱固定，也可以装上外框使用。

木质围栏种类繁多，能够适应任何环境、满足任何需求。除非你选用的是特别昂贵的硬木材，一般用于围栏的木材都需要剥除树皮并刷上木材防护剂，或者密封后再刷上油漆，以预防腐烂。如果木材直接与地面接触，就会腐烂，所以架设木质立板时需要先用金属包底，之后放置在混凝土基座上。木质围栏板安装时则需要稍稍架高。

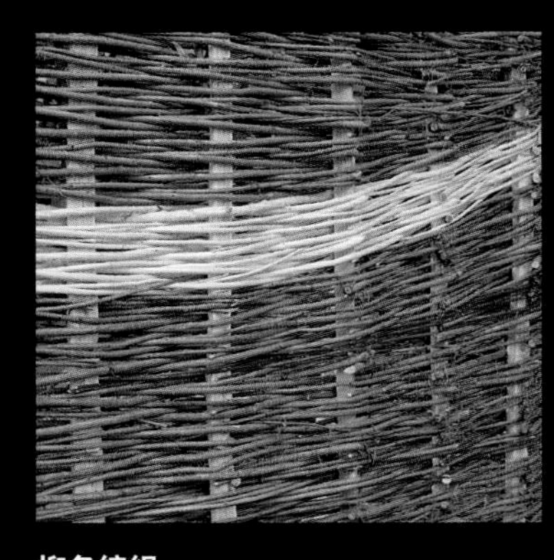

柳条编织
柳条编织的围栏板适用于乡村风格的环境中。

软木编织
横向交互编织的软木需要辅以坚固的立柱，并加装底部防护围边。

乡间木栅
榛木劈开做成栅栏，非常有乡村的感觉。

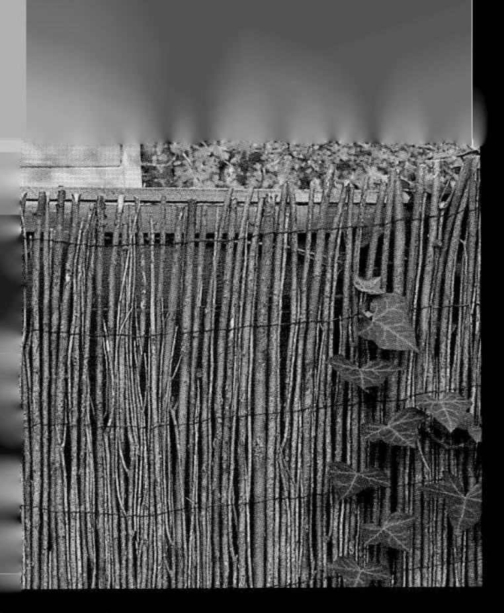

竖直的竹竿

一片竖着的竹竿排出漂亮的效果。

落叶松围板

落叶松围板是实心的，因此需要安装坚固的立柱，以防止被强风掀翻。

风化了的编织围栏

榛树树枝交互编织的围栏。如果选择的木材比较成熟、已经过风化侵蚀，加上过多的攀缘植物，外观就会显得越发粗糙。

传统尖顶木桩

经典别墅风格的尖顶木桩栅栏

海滨风格

经过海水冲刷的漂流木在合适的环境

立式落叶松

落叶松围板侧倒使用，木条呈竖直状态

出入口

大门之所以重要，不只是因为人们对于入口的印象会“先入为主”，而且对于很多城镇及都市居民来说，他们拥有的户外空间仅仅是从街道到家门口那一点点小地盘——过道、小径，甚至只是几步门阶。

传统上，一幢房屋的入口由三个部分组成：大门、通道（通常会穿过花园），最后是房屋正门。这三个部分一般会采用整体设计来统一风格，大门的细节会与正门相匹配，而正门又会呼应着房屋的建筑风格。但是目前的都市居住环境则是高层公寓、改装房屋、错层式房屋，再加上人们对于安全性的需求，入口的设计就转变为在建筑侧墙、屋外通道、门口台阶、防盗铁栅栏门等地进行的隐蔽的非传统修饰。经过设计，这些地方可以满足从街道到室内的转换需求。无论你家适合传统还是非传统装饰方式，你都可以让家门口更加显眼、更加明亮，让人觉得宾至如归。

“让家门口更加显眼、更加明亮，让人觉得宾至如归。”

优美的细节（对页）
通向小庭院的门道用金属铸件铺设，如雕塑般优美的细节令人们的精神为之振奋。

戏剧感（右）
这扇门后是一条有着复杂图案的弯曲小径，引领观者的目光穿过花园。

营造氛围

从通道、小径或者入口处地面的选材、大门的风格、正门的色彩和配件风格，到门外摆放的各种花盆瓦罐，这些元素都必须与你家的整体风格保持一致，从而才能在入口处就营造出相应的氛围。

选择材料时需要根据你家的建筑风格来做决定。可以试着在形状、色彩、材质、装饰图案等方面参考建筑本身的特征。从华丽的19世纪晚期的铁艺大门，到别墅尖顶大门和牧场风格的大门，有多少种建筑风格，就对应着多少种大门的风格。将房屋正门的具体特征（包括形状、色彩、材质）应用到大门上，就能建立起二者间的视觉联系，将从大门到房屋正门之间的空间统一起来。

另外，你还需要参考大门和房屋正门的结构风格。举个例子，光滑砖墙上的门洞，适合采用干净利落的现代风格，选材则可以用金属或者上漆后的木材；而在富有纹理的石材墙面上，门套则应采用更加质朴的设计风格，并用木材建造。房屋正门或者大门还应当与街道其他部分的特征相称，毕竟它们也是这个社区的一部分。

质朴的场景（左上）
大门和栅栏的结构与石墙搭配和谐，也减轻了被分隔开的两个空间之间的障碍感。

乡村风格（上）
这个平顶栅栏大门展现了标准的乡村花园风格，使用了柔和的灰蓝色后，就凸显出了植物五彩缤纷的色彩。

迷人的入口（下）
这对风格华丽的大门框住了花园景色，同时也为攀缘植物提供了爬架，让人在进门前就感受到了浓浓的氛围。

统一风格（右下）
入口处，造型清爽的铁门与简洁的墙面相互搭配，墙面设置的灯光照明是整体设计概念的一部分，而非后续单独增加的。

锁住隐私和安全的大门

很多住在都市里的人们对安全的要求越来越高，因此安全性能也成为庭院大门设计的主旨，从屋内看出去时，这种大门就显得高大厚实，甚至会产生一种局促感。此类大门一般不用木材而是用钢铁，如果设计得当并且与周边环境保持风格一致，是可以做到既美观又实用的。住在街道边的人们还会寻求隐私感。如果住宅毗邻高墙或者封闭式实心围栏，就可以用实心大门或者百叶式大门（木质、铁质均可），将街道与家门口之间的空间围起来，完全遮挡住路上行人的目光。通过地面铺砖或沙砾、摆放座席家具和盆栽植物，这种四周封闭的小空间就成了怡人的小庭院，室内外风格融洽，即使坐在露天区域中也能保证隐私，而且能放心让孩子们在这里玩耍。

虽然其他种类的大门（矮木门、铁栏杆门、板条状的大门等）也能限制住孩子和宠物不跑出去，但这些形式的门主要功能在于装饰界墙，而非防止外人侵入或者作为窥视的障碍。在划分出分界线的同时，这些大门还能让内外两侧的人们窥视到另一侧都有些什么。比如低矮的大门，可以打破实心界墙的包围，使墙内的空间看上去更大，从而免得让这片空间显得局促而狭小。

通道

通向家门的空间——无论是常规形状空间里的小路、曲折的台阶还是狭窄的过道——应当是安全而实用的，尽管如此，你还是应当尽量让它成为家的延伸。如果这条路是你惟一拥有的户外空间，那么你肯定会希望尽可能利用好它。（如何对狭窄空间和楼梯台阶进行设计请参见130页和136页）。

从街边笔直通向房屋正门的小路将所在的户外空间划分成了两半，因而这片空间会显得更小。与修这么一条狭窄的小径相比，我们更应当在入口处用统一的图案铺出一小片区域（地面不同铺设的视觉效果请参考196页），或者也可以铺设沙砾，因为这样能打造出整齐均匀的外观，显得地方更宽敞一些。当然，地面铺砌的首要目的是为在这里生活居住提供服务通道，因此要确保通道上尽可能不要有湿滑表面和植物，并且地势高低的变化越小越好。使用砖头之类带有表面纹理的材料就比用混凝土这种表面光滑的材料更加稳当。大多数时候，正对街道与正门的空间是用来停车的，因此这个空间实际上成为了私人车道。那么我们就要确保车辆进出时不会遇到障碍物或者狭窄的出入口，不然开车进出就是一场对神经的考验。通道路面的排水要用阴沟槽的形式，将水引至地面排水沟或者渗水坑，这样才能排干洗车用水。

自然而华丽（左）
大小不一的石头营造出农家风格的小径。不过看起来容易，但走起来很可能没那么轻松。

正门和门阶

无论正门是紧贴街道还是在退后一些的位置，都可以用令人舒适的装饰让人提前感受到门后的氛围。尽可能利用好油漆的色彩，可以刷在门上、凸显轮廓的门框上，或者周边的建筑结构上。门阶则可以通过在一侧建造小底座或者向前方延伸来进行拓展。在门阶上摆放盆栽或雕塑、在门上挂个装饰花环，都可以让这道门又显眼又让访客觉得宾至如归。如果正门紧挨着街道，请确认装饰物都已被牢牢固定住，有决心的小偷可不会因为太重就放弃目标。如果正门入口的位置不太明显，可以增加类似藤架横梁之类的结构，一端固定在正门周边的墙上，另一端用独立的立柱支撑，这样能够将客人引导至房屋门口（下一部分内容中有藤架案例）。

出于实用性的目的，通常正门附近需要放置一个垃圾箱。如果地方够大，可以将垃圾箱隐藏在嵌入式橱柜里（橱柜的选材可以是砖头、木材或者任何与房屋风格匹配的材料），也许还能在边上摆放一个与设计匹配的花箱。还有一个办法，垃圾箱可以被隐藏在灌木丛或爬满常绿植物的网格屏风后面，常见的“金心”常春藤效果就很不错。

当人们在路上开着车找别人家的家门时，尤其是在夜间，往往看不清门牌号码，况且有时还没有门牌号标牌。为正门提供灯光，照亮门牌号或房屋名称，可以让访客更容易找到你，而且当你深夜回家时，有照明也能多一分安全。摆放光源时要注意，向上的光束会漫反射出温暖的微黄色，而从高位向下照明的灯光则会投射出粗糙而黑暗的阴影（更多灯光效果请参见236页）。注意选择适合你家风格的灯具——说不定破坏一个现代华丽风格的正门，只需要一盏“古代”的马车灯。

心旷神怡的对称感（右）
简单砌砖的台阶与按网篮纹理铺设的砖块地面，整个入口的设计与房屋的砖墙非常匹配。

藤架

说起藤架，大家脑海中往往会浮现出春季阳光灿烂的地中海，常春藤茂密地缠绕在藤架上，在各种建筑之间遮出阴凉的通道。在小空间中，藤架还有很多不同的实用及观赏用途——它们可以形成半遮挡的房间或布满植物的凉亭，也可以用来增强花园设计中的某种视觉效果。

连接起不同空间的藤架就是我所谓的动态藤架或者定向藤架。与之成对比的是那些能覆盖一定面积、用来界定区域划分而不是用作通道的藤架，其本质是静态的。

定向藤架

定向藤架可以独立存在，也可以与建筑相连接。独立式的定向藤架能够引导人们的视线穿过通道，从而拉近另一端的景色。有些情况下这种效果很受欢迎，比如藤架本身可以作为另一端风景的外框架来欣赏，或者藤架就是对面那片风景的入口，抑或藤架是沿着花园的小径建造的，等等。然而在小空间里，定向藤架两侧的空间会变成如“残羹剩饭”般的无用之地。与房屋相连的定向藤架会形成柱廊的效果，能有效地遮挡住入口或避免阳光直射进入室内。在炎热的气候中，如果藤架结构和植物不足以提供足够的荫凉，可以将遮光帘布的一端固定在藤架顶部，然后拉开并覆盖整片区域。或者，用劈开的细木或者藤条以百叶窗的形式填充藤架横梁之间的空隙，这样可以在地面投射出非常别致的阴影来。在较为寒冷的地方，一般不需要额外遮挡光线，一年生攀缘植物的叶子足以让日光变得柔和，而在冬季，光秃秃的藤架有利于让阳光直射地面。

果树天篷（上）
互相联结的金属圈搭建出为果树整枝的理想框架。

生机勃勃的藤架

相较于蜿蜒其上的植物来说，藤架结构往往占据着主要地位——但这里不是。

静态藤架

静态藤架，即那些不能明确指定方向，但能覆盖平台甚至整个花园之类较大区域的藤架，是延伸室内风格的好办法，它们至少能在视觉上创造出一个额外的户外房间。藤架以横梁的形式提供天花板，因此就有了在户外营造出室内感的可能性，能够减弱室内与室外之间的障碍感，并使人感觉空间的整体面积增加了。此类静态藤架很少被做成独立结构，即水平支架两端均有立柱支撑的形式，而是将水平支架的一端与房屋墙面相连，然后一直向外伸展，越过整个被覆盖的区域，到达边界处的立柱上。甚至也有完全不需要立柱、用水平支架直接连接起两面墙壁的情况，这两面墙可以都是界墙，也可以一边是房屋墙壁一边是界墙。

屋顶的藤架

屋顶的花园一般都没有遮蔽，不仅暴露在自然天幕下的风吹日晒中，也暴露在周围高层建筑的视野中，因而并不是那么舒适。在屋顶架设藤架不仅可以给人以有遮蔽的室内感，而且当藤架上爬满植物后，还能挡住日晒和风吹。在屋顶搭建藤架前，必须检查屋顶是否能承重，因为藤架可能会相当重（你可能还需要相关的建筑许可证）。金属框架比实木的轻一些，此外如果屋顶有侧墙，还可以利用铁丝或者绳索。

“藤架是攀缘植物绝佳的生长场所。”

种植

独立式或者连着建筑的藤架是攀缘植物绝佳的生长场所——爬满植物的藤架最吸引人的地方就是被枝叶过滤后的斑驳光影。植物可以让藤架结构整体的视觉效果显得柔和，同时提供了荫凉和隐私，尤其是这最后一点，对于常常忽视花园作用的城镇和都市居民来说，其实大有裨益。垂直种植也是节省地面空间的好法子。然而，切记要事先评估计划栽种的植物是否在藤架承重范围内，尤其当你使用的是铁丝或者绳索这类简易藤架。此外还需要注意植物枝叶繁茂阶段的时间跨度和枝叶密度，这会影响到遮阳效果。比方说，在需要大量日照的冬季其间，常绿攀缘植物可能会过多地遮挡住阳光。

用藤架调节比例

在都市很多地方，花园空间大小与其周围建筑非常不成比例，这时藤架水平支架的存在可以降低头顶的空间高度，从而将空间尺寸比例调整至美观的状态，让身处其中的人们觉得舒适自在。如果藤架的风格能与周边建筑风格互相匹配，那么藤架遮蔽下的空间就能与其所处的环境紧密地联系在一起。无论何种藤架，其最有用的元素都是水平支架或者水平支架投下的阴影，可以作为花园其他部分的视觉框架。水平支架创造出的形状可以按比例成为划分各种地面区域（地砖、沙砾、种植）的基准模板。当花园各个部分互相协调起来时，这种“浑然一体”的感觉能给小空间花园带来令人非常满意的视觉效果。

撞色搭配（对页左上）
在这株攀缘玫瑰茁壮生长的季节里，大部分时候都可以看到花朵的红色与藤架的浅蓝色的撞色搭配。

房间隔断（对页右上）
葡萄藤爬上了花园上方简单的金属横梁，框起了日光浴平台，以及后方的用餐区。

香薰室（右）
这个藤架有着宽大的横向跨度，裹着芬芳的万字茉莉（络石），其自身就是一个令人心旷神怡的房间。

藤架选材

考虑选材时，重要的是让藤架整体契合周围建筑的风格和氛围。从本节展示的照片中可以看出，通过不同的处理方式，不同的材质可以打造出各具风格的景观。依据你对于自然光照和外观造型的需求，藤架的水平支架可大可小，可选用的材料也非常之多。立柱的选材则需要考虑材料是否能够承受水平支架的重量。从美观方面考虑，水平支架应当比垂直立柱重很多。

建造藤架最常用的是木材。针叶木材可刨平或者锯切，取决于你想要光滑的还是富有纹理的表面。硬木比较昂贵，但也更加耐用。任何木材都可以刷上油漆、染上色彩或者仅仅刷一层木材保护漆。建筑的细节可以体现在藤架水平支架两端的造型上。金属也能用来建造藤架。金属比大块木材更轻巧，而且不会给人以空间被割裂的印象。如果想要更加轻巧的藤架，那就在两面墙之间拉上张力钢丝或者色泽亮丽的缆绳作为横梁。

同等规模的植物

庞大的金属结构可以搭配种植叶面较大的植物。

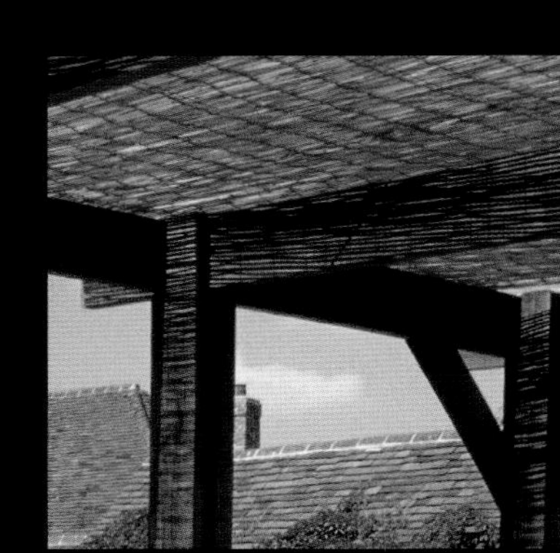

木质角落

这个藤架有着最原始的造型，但也同样出彩。

地面图案

地面铺砌

室内设计中人们会使用与家装相配的地板材料，同样道理，在室外，地面铺砌使用的材料也应当与花园整体相配，而且需要跟选择室内地板材料一样考察各种材料的风格、成本、实用性。地面铺砌形式多样，是最为实用的户外地面形态。铺设的地面能为家具、花盆及其它摆设提供结实的支撑，仅需要很简单的维护，就可以为花园景致提供中性的背景，也可以让自身成为一道风景。

地面设计

无论你最终选择用哪种材料进行铺砌，首先考虑的应当是地面设计，即花园整体设计的各种形状组合以及其中所有需要做地面铺设的位置。这些决策需要在一开始就确定下来，因为不同的地面设计会彻底改变整个空间的最终效果，均匀平铺的地面与各组成部分精细地环环相扣的地面，效果大相径庭。大体而言，铺砌的图案分为静态与动态两种。静态铺砌图案让人们的视线停留在这片区域、或者其中的某个角落；而动态铺砌图案则引导人们的视线穿过空间。有些铺砌图案能使人觉得空间被分割成了一个个独立的小房间，有些图案则精密繁复得让人目不转睛。图案单调甚至没有图案的地面，会凸显出整片铺砌地面的形状，可以成为一片中性的背景板，衬托出花园里的其他设计。

快速步道（上）
这是一条用砖头层叠铺设出的简单而指向性明确的小道。横向铺设的砖头能让人们慢下脚步。

灌浇混凝土图案（左）
这片圆形铺砌地面上对比强烈的不同板块，是采用了不同的混凝土配方灌浇而成的。

动态铺砌图案

动态铺砌图案能给人以律动感并形成视觉吸力。在比较大的常规花园空间里，你能见到穿过草坪和草丛的传统硬地步道。这种硬朗的线条总是能引导人们的视线方向，因而是动态的。在小花园中，铺砌地面可能就覆盖了所有能利用的空间，那么为了做出动态效果引导视线，你能做的只有在铺砌地面内部设计图案，或者用空间布局让不同的区域间形成流畅的空间转移。

要使线性铺砌图案出效果，就需要将其视觉吸力的焦点处布置得令人满意，例如用一个漂亮的景致或雕塑，或者是某种有实际用途的东西，比方说道路的尽头是正门。封闭的空间则更适合使用没有视觉焦点的静态地面设计，比如用来在户外用餐的露台。无论你选择静态还是动态的地面设计，通过简单的地面铺砌图案并增加其他景致的尺寸，人们感受到的小空间就会显得比实际更大。相反地，如果地面充斥着繁复的图案，就会形成一种“拥挤”的感觉，反而强调了空间有多么小。

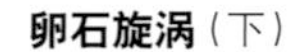

卵石旋涡（下）
卵石的创意铺设很有戏剧感，但对于小空间来说，未免有些过于拥挤。

静态方块（左下）
看着规整的砖石布局也是一种视觉享受。

“地面铺砌的选材依据场地风格而定。”

恬静的组合（对页）
方形石板与花岗岩铺路石搭配铺设地面，这种温和的对比组合尤其适合小空间使用。

地面设计

以下平面布局展示的是在同一个空间中，不同的地面铺砌图案和布局如何形成迥然不同的效果。

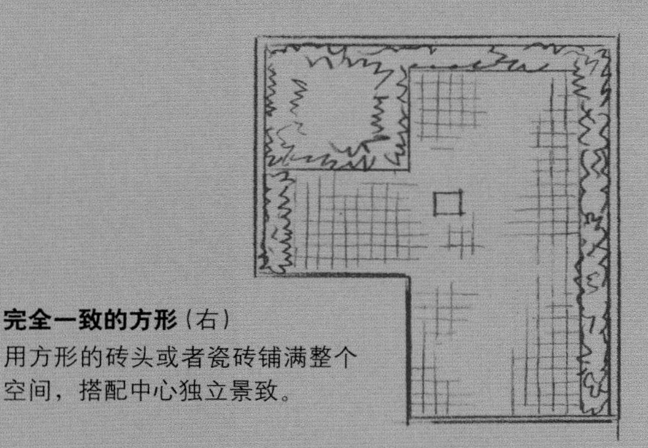

完全一致的方形（右）
用方形的砖头或者瓷砖铺满整个空间，搭配中心独立景致。

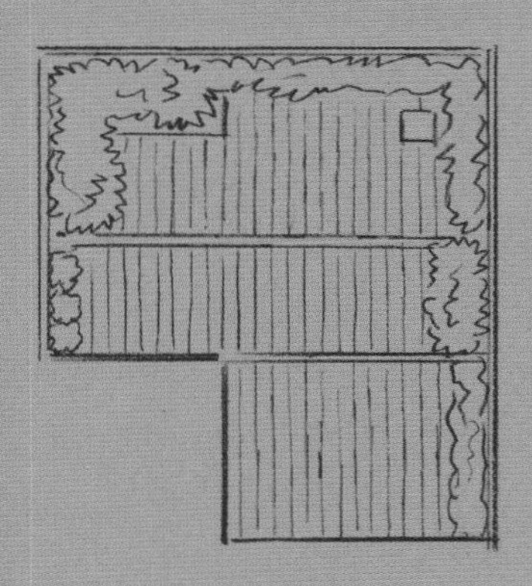

水平动态（左）
均匀的铺砖图案，用石板或者花岗岩铺路石铺设水平间隔线条，用石头也可以。在这个设计里，独立景致仅作为次要的存在。

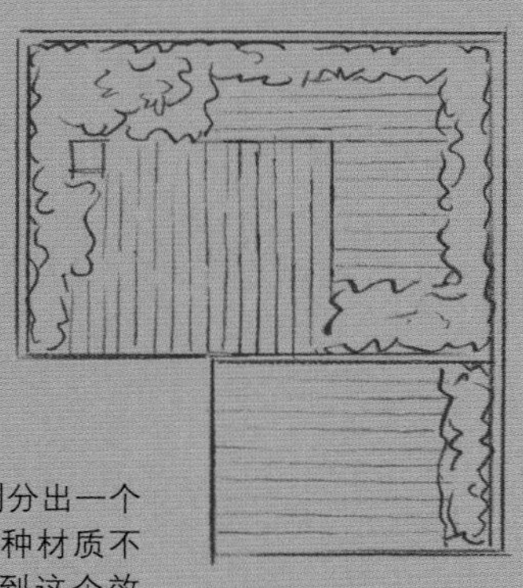

空间分割（右）
不同类型的地面铺砌划分出一个个“房间”，甚至同一种材质不同方向的铺设也能达到这个效果。独立景致又一次处在了次要位置。

聚焦于地面

地面铺砌的选材要依据场地的氛围和风格来定，而且还得看当地有哪些材料。做决定前还要考察不同铺砌材料的纹理和色彩。如果房屋是砖砌的，花园中有砖墙和木栅栏，那么适合这种氛围的地面材料最好就是砖头和木板。这种情况下就不适合用石材铺地，因为石材很可能会与砖墙形成竞争关系，而且会给空间引入第三种建筑材料，使整体设计显得太过拥挤。

反过来说，在位于石质建筑旁边、有着石质界墙的空间里，可能需要用到木材和更多的石材（或者含有同类石料的混凝土地砖）来铺设地面，因为这里砖头的材质会显得虚弱无力。

地面铺砌风格（从左上沿顺时针方向）
当代黑砖、方形石板砖、随机石板、花岗岩铺路石与周边石料。

地面选材

一般来说，本地的天然材料是最为实用且适合环境的。在乡郊地区，最合适的材料就是当地的石头。然而在都市中，不太可能有常见的天然建筑材料，因此混凝土和砖块就成了最为广泛使用的建材。预制混凝土路面砖有各种形式，从仿黏土铺路砖，到各种形状各种厚度的板状铺路砖，再到大如铁路枕木的水泥条都有。整体而言，路面砖越朴素平整就越好用——一块色彩艳丽且布满纹理的砖看上去虽然漂亮，但是大量平铺后的效果就是灾难性的。混凝土可以现场浇筑，凝固前可做拉毛处理。特制砖块也是都市路面常用建材，还可以使用工程砖和贴面砖，不过贴面砖不如工程砖坚硬，且更容易碎裂。此外还有花岗石板和圆石这些小型路面砖，都是适合用于狭小甚至不规则形状地面的理想材料。

你可以将所有候选的表层材料看作是调色板上的选项，并从中选择与你的花园呈对比或者互补的材料。用界墙的材料铺设路面能够给小空间以统一的外观，从而使其中各种元素间的关系更加紧密。此外你还需要考虑一些现实因素。有些材料，比如表面光滑的预制地面砖，在雨雪天会打滑，而砖块之类的材料则能提供结实的抓地力。

创意混凝土
这里的混凝土被“压”出了仿花岗石板的形状。

随机铺砖
路面石板采用了“精心设计”的随机铺设。

自然图案
混凝土浇筑出令人莞尔的贝壳图案。

砖面道路

铺路砖简单地层叠铺设。

混凝土棋盘

通过撞色的预制混凝土形成经典的棋盘设计。

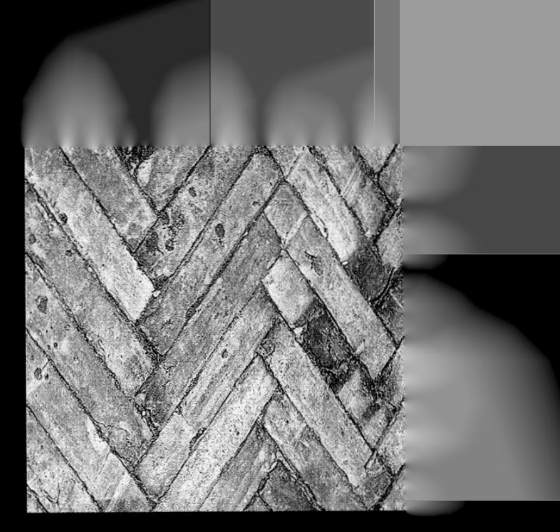

人字形图案

青砖的经典人字形铺设。

大块石材和沙砾

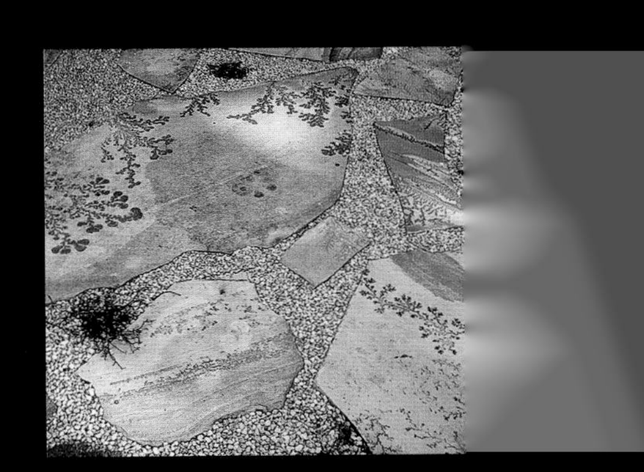

石材和沙砾

石材随机铺设，与填充的沙砾一起固定在基层的粘合层上。

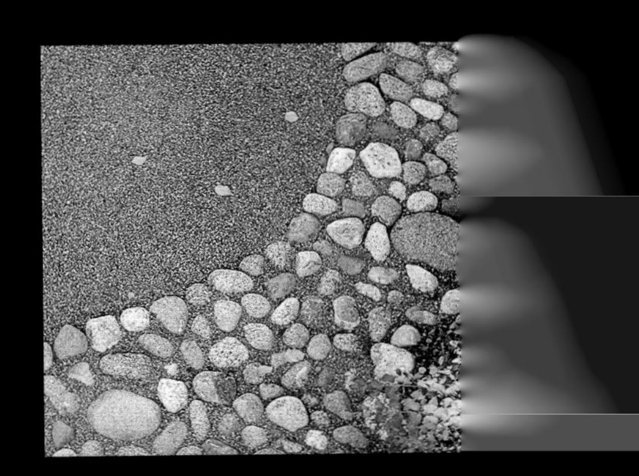

卵石和沙砾

软地面

“软”地面材质包括沙砾、大卵石、鹅卵石以及树皮等等，功能实用、多样，且视觉效果不错。与使用混凝土和石材之类的硬地面相比，软地面更加经济，易于铺设，因此是理想的结构过渡材质，软地面较铺砖地面来得柔和，但又比草地或者地面植物坚硬。

沙砾和卵石可以铺设的很松散，非常适合应用在紧张的空间里或奇形怪状的地面上。其缺点是在上面走动时脚感不舒服，且总会有些声响，不过这样倒是有助于防盗。小卵石和沙砾的搭配适合用于不需要栽种且无法铺砖的地面，比如树下的地面。地面的落叶则可以用耙子进行规整或者直接吹走，这样看起来就比较整洁。

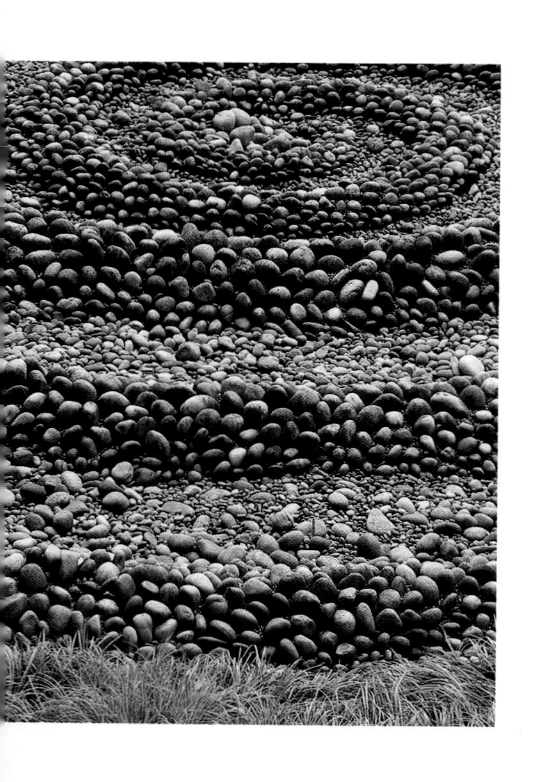

半硬地面

把沙砾铺设在粘合层上形成粘结沙砾（未水洗，且保留了其中黏土成分），就成了半硬地面。这种处理方法特别适合用在铺砖的平台区域外沿，在热闹的派对中就成了额外的活动空间，而且由于这种地面能够渗水，当排水漫出地面时，胶结沙砾能起到疏解作用。在都市里的小空间中，鹅卵石与沙砾看上去干净整洁，效果不输草坪，而且还不像容易损耗的草坪那么需要维护，也不会在冬日里显得疲惫无力。铺设沙砾时需要用砖块或者其他硬地面材料砌出边界，以起到固定的作用。

“非常适合应用于局促的空间里。”

卵石冲击坑（左上）
经过精心造型，小卵石堆砌出了巧妙的石头台阶造型。

石材纹理（对页）
砖块边界锁住了小路上铺设的既大且平的小卵石。

软地面种植

灌木、低矮的草本植物、季节性的球茎植物以及多年生植物都可以在铺设不超过10厘米厚的沙砾、鹅卵石和小卵石地面上生长得很好。其下的粘合层就是护根，有利于种子发芽。毕竟，在山石堆花园中，排水性良好的地层主要就是由沙砾构成的——这是高山植物生长的自然介质。在沙砾地面上种植植物的视觉效果，比砌起花坛在裸土上栽种植物要来的随意、轻松，因为植物与沙砾地面的组合比铺砌地面或者小路看起来自然得多。这种方式也减少了地面分割，不再显得拥挤，从而使空间看起来更大。

组合对比

这组照片展示了风格迥异的各种纹理及色彩的组合效果，其中使用了各种表层材料、石材和植物。

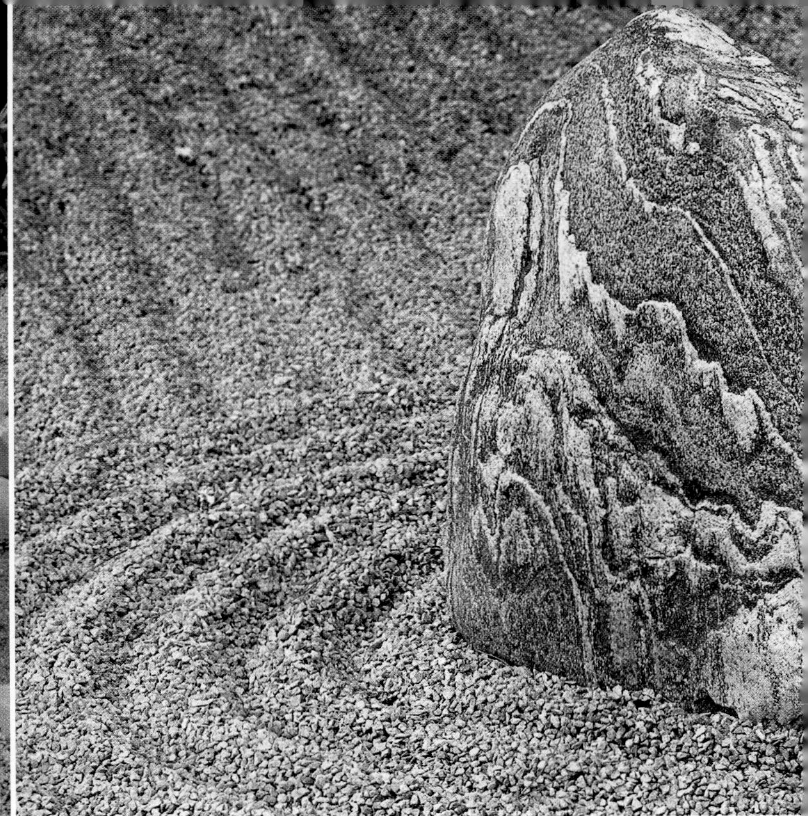

纹理组合

几个世纪以来，日式园林使用的地面表层材料都是沙砾，并用枯山水沙耙环绕石头和苔藓模拟出漩涡水纹的抽象图案。在小空间中用这种方法可以作出非常惊艳的效果。不过这种形式需要日常做定期维护，因为每一滴雨水、每一个脚印都会损坏造型。如果想要不费时地达到同样的视觉效果，那就不用沙耙，仅用沙砾或者卵石搭配大圆石和岩石，也能给小花园打造引人入胜的抽象景观。开采出来的石头通常有棱有角，但我们有时候能通过鹅卵石粒度分级找出大圆石。

沙砾设计

17世纪时，法国人和意大利人也会将沙砾应用在位于黄杨树篱和形状规整的庄园花圃之间的地面。在小空间中，沙砾也可以打造出庄重的效果，与分界明晰的种植区域一起形成规则的几何图案。使用不同颜色和尺寸的沙砾可以形成图案，从正式的棋盘纹理到随意的抽象形状都可以。下面两幅图展示了适用于小空间的两种对比鲜明的沙砾地面设计方案。第一种方案里，沙砾地面内部的分隔应使用砖块、细木条或者铝条，这种图案可以作为设计的一部分；作为装饰地面空间的有效方法，第二种方案里的沙砾板块拼图适用于观景天台，或者为光线阴暗无法种植物的天井增添趣味。

交织的色彩（右）
不同颜色的沙砾区域交织在一起，形成了流畅的抽象设计图案。

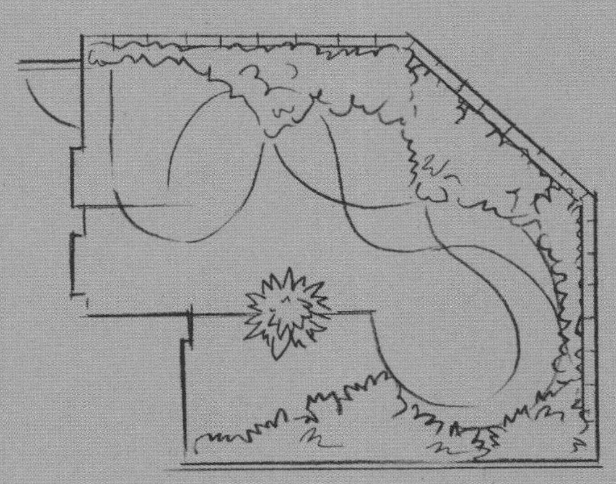

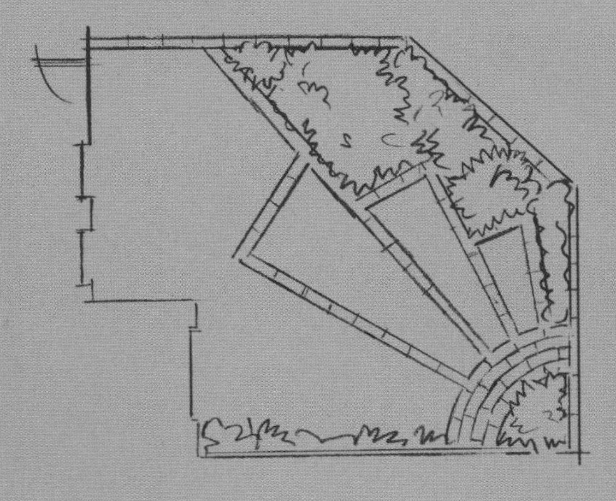

放射状砖砌框架（左）
用地面砖铺设出醒目的几何形状，搭配使用沙砾。

棋盘（对页上）
沙砾地面用木条做分隔，不同的沙砾和紧密栽种的低矮植物无瓣蔷薇及景天拼出棋盘效果。

多肉拼盘（对页下）
地砖裂口中，粗糙的沙砾地面上用景天拼出漂亮的造型，这种方法适合用在栽种区过浅的地方。

软地面选材

根据所选沙砾或者卵石的颜色和大小，可以形成各种不同的造型。沙砾由自然石头碎屑组成，可以说有多少种石头就有多少种沙砾，颜色从纯白、米黄，到灰色、红色、褐色、黑色都有；河水冲刷出的鹅卵石或者人工挖掘出的豆粒砾石，都是由水流冲刷磨圆棱角的，颜色则没有这么丰富。沙砾和卵石适用于几乎所有场所，但是要注意清扫残雪时沙砾和卵石也容易同时被扫走，而且曝露在猛烈日照下的浅色沙砾可能会反射出刺眼的光芒。比起沙砾的尖锐边角，卵石和豆粒砾石则更适合让孩子们嬉戏玩耍。

最便宜的软地面应当就是用本地石料制造的材料了。在多山地带，一般就是开采时的碎屑；而在海边或者大江大河边，就是豆粒砾石。都市地区使用的材料需要从乡郊地区运过来，因此价格变化较大。沙砾、卵石、圆石及树皮都可以与硬质材料组合使用。在砖砌或者混凝土铺设的结构中铺设沙砾，可以使花园整体效果变得柔和，并且还能给花园带来材质上的对比效果。

如果沙砾区域紧挨着规整的硬地面，比如混凝土铺路砖地面，那么沙砾区域就不需要做饰边。但如果边上是草地或者种植区，那就需要将沙砾限定在一定范围内，以防止两个区域的边界变模糊。木材、砖块、混凝土都可以用来做饰边材料。要选择最适合花园整体造型的材料，或者使材料能够呼应花园中某个细节，比如墙顶的风格等。

卵石
经过水洗的豆粒砾石一般是用来铺设小路或者车道的，可能是使用最为广泛的软地面材料。

白砾石
白色的砾石非常有视觉冲击力，但在阳光下反光很厉害。

枕木
这条效果非常吸引人的小道是用切割后的枕木铺设在沙砾上做成的，带着一种沙滩感。

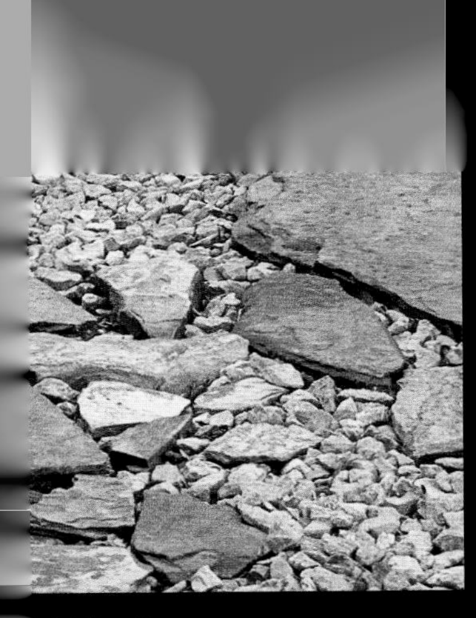

粗糙的石头

这里用较大的石板碎片搭配颗粒粗大的沙砾，造型自然。

红色

沙砾色彩多样，这里用了红色沙砾以匹配饰边的颜色。

灰色调

作为软地面材料的灰色沙砾现在越来越受到追捧，使用时如果能与天然纤维或自然质感的物品一起使用，对比效果会特别出彩。比如这里就使用了编织坐席。

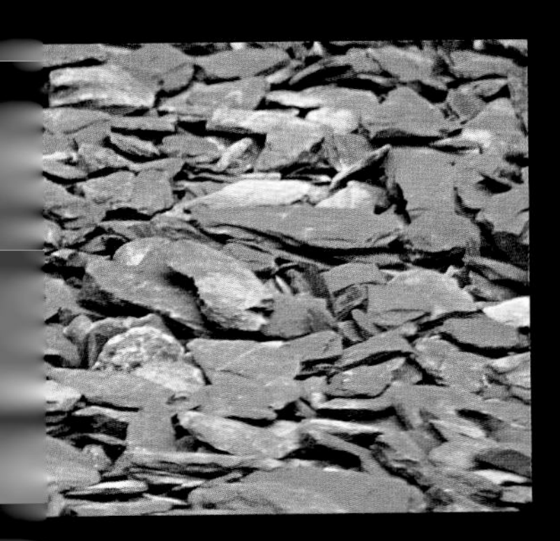

石板道

这条装饰性的小道使用了许多大灰色石片，可以与植物形成鲜明对比，只是走起来有些困难。

木条

浅色木条铺设的小路铺设在草丛中，给人留下了深刻的印象，不过淋湿后会比较滑。

树皮护根

树皮碎片组成了一张柔软而自然的地毯，小心地保护着地面野草。

完美应用于屋顶（下）
木质铺面板是屋顶花园的理想面材，这里与高设花坛一起组合运用。

木板通道（右下）
在地面使用木质铺面板，不仅形成了通往种植区域的小道，同时也是种植区域外的缓冲饰边。不过这种设计在冬天容易打滑。

“木质铺装与建在山坡上的房屋进行搭配是最好看的。”

木质铺装

在风靡美国和欧洲大陆国家很多年之后，英国电视中的各种建筑改造节目也开始大肆使用木质铺装这种形式。作为设计元素，它值得我们仔细考量。如果没有别的空间可以作为花园，木质铺装地面与木质阳台之间隔着的小小的一步台阶说不定就能创造出花园的空间。木质铺装地面可以与建筑相连，也可以独立存在。

落差地形效果（对页）
露台位于水池上方，由宽宽的木板条铺设，看上去既整洁又干脆利落，不过或许有那么点点危险。

使用木质铺装

木质铺装与建在山坡上的房屋进行搭配是最好看的。通过立柱支撑，可以在房屋旁边用木板铺设出不同高度背朝山坡的平台。木板还可以用来铺设从架高的一楼到外部地面的楼梯，有很好的过渡效果。这往往是在室外搭建平台惟一可行的方法。

在美国，很多旧房子在建造的时候就架高了半层，这样可以使居住空间高于地面，而下面可以多出一个地窖的空间来。同样道理，很多现代的错层式房屋也将主要的居住空间安排在高于地面的高度。无论何种情况，都可以使用木质铺装将上层房屋向外做延伸，形成一个实用的户外房间。与砖石铺砌的平台相比，美国和欧洲大陆地区更常用的是矮木板。这是因为美国的木材价格比英国低很多，而且由于美国房屋大都用的是木质护墙板或者瓦片屋顶，那么木头铺装的地面也能更好地与房屋的特点匹配起来。浅浅的木质地板铺装与木质围栏搭配，能让小空间整体更为统一协调。不用将整个空间都用木板铺地。通过木质地板与石质或混凝土地面互相搭配，可以打造出漂亮的图案和令人满意的质感对比。此外，水边、游泳池边或者小水景边也适合用木板作为面材。木质地板也是都市屋顶花园的理想地面选材。只要与铺路石砖大小的方木头护墙板拼起来，就是比混凝土和砖铺地板更为轻质地面材料。

铺设木板时，要将面材架在木质基座上，这样水才能流到排水口。木地板最理想的材料是硬木，完全不需要防护剂打理。软木没那么坚硬，为了避免出现裂纹，不仅要用刨子刨平，而且还要上防护剂，不过环境潮湿时，路面会比较滑。很显然，英国的气候条件过于潮湿，并不太适合使用木质地板，很难晾干。而在欧洲大陆和美国，温差较大，冬季被厚厚冰雪覆盖的木地板至少能在夏季得到彻底的干燥。

防滑（对页左上）
地板用的木材做过条纹化处理，即使在冬天，走路也不会滑倒。

灵活应用（对页右上）
木质铺装的一大优势就是可以通过架高铺设在树根上方，甚至可以环绕树桩一周，不过需要随着树干变粗不断扩大洞口。

环形木板路（对页下）
环形木板路架设在潮湿地面上方，围出了中间的一汪池水。

台阶

很多小花园只能通过楼梯到达，而且，对于有些地方来说，这几步台阶就是花园了。除了让你从一个地点到达另一个地点，经过装饰的台阶还能成为花园的有机组成部分，甚至其自身就能成为一个微型花园。

“将台阶当做雕塑作品来处理。”

穿过草丛的台阶（上）
路边的装饰绿植使不规整的大块台阶的视觉效果温和了不少。

两阶花园（中）
浇筑混凝土楼梯边，每两阶设置一个草植平台，平台侧边安装着照明用的工作灯。

花岗石板造型（下）
装饰性的圆弧台阶用花岗石板铺设，成为花园一景。

灌木楼梯

修剪成球形的黄杨木使这个开放式金属楼梯大为改观。

装饰、建造台阶

使用花盆花箱是装饰台阶简单而有效的方法，如果种上植物，那么植物花叶柔和的形状还能与台阶结构坚固的线条产生相辅相成的组合效果。将台阶或与其相连的墙面刷上与周围环境相配的颜色，能一扫原先的单调陈旧感，并赋予其勃勃生机。楼梯扶手能为功能性的楼梯增添时尚感和实用性，对于陡峭的楼梯来说尤为如此。除了建造新的通道性台阶或者替换老旧台阶之外，你还可以修建一些浅浅的台阶，与那些高低落差较大的楼梯不同，低浅的台阶可以给花园带来运动感，如雕塑般成为一道景观，使花园看起来比实际更大一些。台阶的整体形状不同，与周围结构形成的角度不同，所构成的视觉效果也会非常不同。右侧的三个设计方案适用于功能性的楼梯（比如通向正门的台阶）以及空间较小的花园。

台阶设计

这些平面图中的台阶可以用在入口处，也可以用在小空间不同高度间的转换。每组台阶的角度不同，使之成为雕塑般的景致。

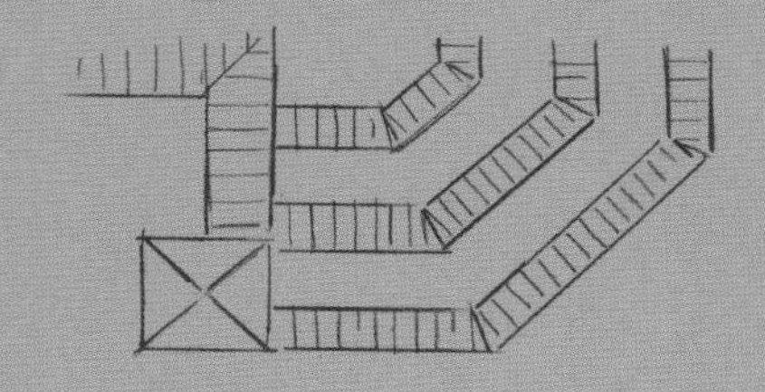

台阶的45°拐角带来横向的运动感。

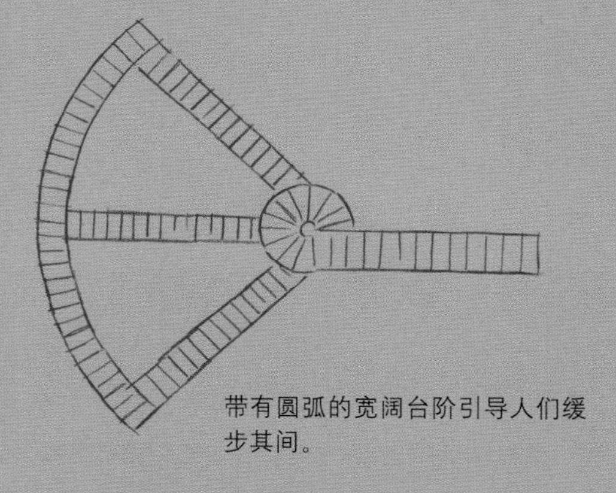

带有圆弧的宽阔台阶引导人们缓步其间。

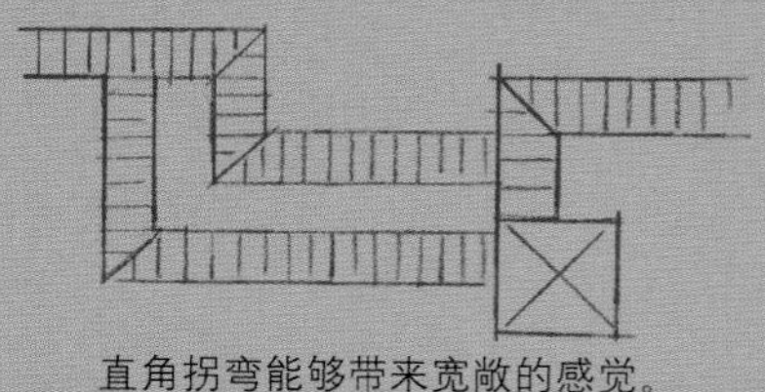

直角拐弯能够带来宽敞的感觉。

简洁而完美（左）
极简的金属楼梯适合用于受限制的空间。

金属及木质（对页左）
铝质楼梯铺设木质踏板。

传统台阶（对页右）
几步砖砌台阶打造出别墅花园感。

台阶尺寸与材料

功能性台阶的理想尺寸是高度不超过20厘米，深度50厘米，这样的台阶走起来步伐比较舒缓。如果楼梯带有弧形拐弯或者蜿蜒曲折，踏板则需要再宽一些，引导人们走得更加缓慢。使用与环境相同或者相近的材料建造楼梯，可以使楼梯融入周围环境，成为花园或建筑结构中讨人喜欢的组成部分。不过建造功能性台阶时必须要考虑安全因素。比如石头和木材会在下雨结霜的日子里变得非常湿滑，而带有纹理的面材（比如旧砖石），或者在光滑的材料（比如混凝土）内填充粗糙一些的材料（比如石头），就能提供更好的抓地力。不要在功能性台阶上加设植物，否则植物在夜间或者潮湿环境下会给台阶带来一定危险。

“继承”台阶

当空间宽敞的老房子或者公寓楼被划分为小单元后，原本被设计为备用或者逃生用的楼梯，可能就会变成主入口楼梯。相反地，宽大的老台阶也有可能成为通向小公寓的入口。古旧的金属台阶可以通过刷上油漆变得焕然一新，或者使用攀缘植物覆盖上一部分。而宽大的台阶则可以通过在一侧拆掉部分踏板，并用植物填充空隙，来显得狭小一些。当大花园被分割成小块后，新主人只拥有一小片区域，那些原本连接花园不同区域的楼梯就再无用武之地了。这时可以将楼梯当做一个雕塑景观，纳入花园的整体设计，使之成为一片植物、或者一块休闲坐席区的视觉焦点。

水景

水具有引人注目的特质，可以为最有限的空间带来光明和生机。水善变却可被预测（植物反而无法做到后一点），而且在四周都是建筑的环境中，很适宜将水聚集在某个容器中。一片水，无论其样式如何，都应该被当做是花园不可分割的一部分，它的尺寸应当依据花园围墙的高度按比例设计。

浅色托盘（对页）
水面再小，都可以将光线引到阴暗的小空间中。

声音（上）
水流下落的声音让人平静。然而在有限的空间里，水声也可以很吵——但还是比城市里的交通噪音好很多。

异域植被（右上）
在北方的气候条件下，小水池仅需稍稍加热，就可以种植这些异域绿植。

“如果使用得当，水景永远能引人注目，甚至让人着迷。”

水的创意使用

很显然，小花园的空间限制了储水量。但是水很容易被纳入某种景致中，如果地面空间有限，水景也不是非得做成平铺在地面的样子，我能想到的第一个用法就是让水从高处落下。我们能够做出从由滴水口引出涓涓细流到喷涌而出的水帘幕墙等各种效果。虽然水可能又凉又让人压抑，但如果使用得当，水景永远能引人注目，甚至让人着迷。另外有一个很突出的因素却很少有人注意到，水流奔腾、泼溅，抑或仅仅是滴水，除了视觉上好看之外，水声还可以掩盖住都市里的噪音。炎热的天气里，缓缓的水流带来的风景和声音也能够让人觉得凉爽。在花园的地面设置一片静水，可以成为一面镜子映照出周围的环境。在水池底部铺设深色的内衬，可以进一步强化水面倒影，而浅色的光面瓷砖则会减弱倒影。后者的视觉效果会让人忍不住望向水底而不是将目光停留在水面，从另一个角度拓展花园空间。阳光洒在水面上，形成蜂窝状的粼粼波光，如果水面临近建筑，还能在天花板上投射出光影的舞蹈。

简单的声音（上）
这个多层次水景能为单调的环境带来视觉和听觉的双重享受。

水帘后的绣球花（右）
透过水帘看我最爱的绣球花，非常梦幻。

平滑的水面还可以用作种植植物的背景，植物生长在水中或者水旁都可以，比如芦苇、睡莲，或者是能将花朵悬吊至水面上方的植物。这是将花园地面的平面布局与植物的立体造型结合起来的方法之一（适宜种在水中和水边的植物请参见336页）。如果需要植物搭配流动的水，比如喷泉或者喷水池之类的，那么造型结构和植物之间的联系就能更加充满活力。此外，还可以将水平面设置在不同高度的水池中，将地面布局与边界在视觉上联系起来。水景的焦点可以是水流从较高的水池流向较低的水池，或者让水流顺着墙面流淌而下形成一片瀑布，即“纽约广场”的视觉效果，当然是微缩版。

在布局简单的环境中，可以将水景作为一个类似雕塑造型的装饰，而不是花园整体布局的一部分。当你将水景作为装饰之用时，由于水的存在非常惹人注目，所以很重要的一点就是周围的环境造型也要足够突出，才不会让水景喧宾夺主。作为装饰用的水景可以是喷水池，也可以动态地布置存水的容器，比如独立成型的，或者互相连接起来的，等等。

漂浮的石板（左）
想要将踏步板做成漂浮在水面的效果，就要将石板非常专业地架在柱基上。

莲花池

花园里的植物、水池周围的草坪和水面的睡莲使方形水池显得更加舒缓。

草间高渠

玻璃水渠在草丛间独辟蹊径，将水从高处水池倾入下方的水池。

装饰性水池

自然造型的水池在拥挤的都市空间里常常显得格格不入。然而，虽然我个人因为自然环境的缘故不喜欢日式水景园林，但是日式水景园林对于荒野环境的一系列改造方法确实更加适用于都市环境，边缘造型温和的水池只适合真正的乡郊地区。其主旨就是，小空间中的水景越简单，效果就越好，除非经过特别精心细致的设计和打造。我记得我在法国南部见过小庭院，院子里有一汪浅浅的池水，水池边缘的瓷砖上有凸起的鱼形花纹——就这么简单，但却时常令我赞叹。要达到这种效果，池里的水必须清澈见底，这意味着日常维护需要做到非常好。市面上有很多净水设备，复杂程度也不同，需要由专业人士安装。

休息或健身用的水池

随着人们的健康意识越来越强，小型健身泳池日渐流行起来。这种泳池的设计目的是让人在其中游小圈，因此最多3米宽，但最少7米长。小花园中也许正好能放下一个最小尺寸的泳池，但剩下的其他空间也就不多了。无论何种泳池，都需要依照规范尺寸来设计。人们往往会忽略泳池的尺寸和形状与花园其他部分之间的关系。备受制造商们钟爱的梨形或者肾形水池经常被安放在花园的角落中，导致水池周边空间被分割成奇形怪状的区域，无论与水池本身还是与花园都不成比例。冷水池（水池大小能将全身浸入）则小了不少。如果安装上造浪，就可以给健身或者游泳的人一股可以借力的水流，水池本身也能成为夏日里的社交场所。再小一些的水池，就是涡流浴缸和热水浴缸（或者合二为一），可以安装在有顶棚的位置。如果靠近房屋，那么冬天也能使用。在低于零度的天气里，将自己泡入暖暖的热水中，只把头部露在水面以上，哪怕不够奇特，也是一种很刺激的体验。

在室外放置热水后，加上遮盖进行保温就很必要，毕竟制备热水不便宜，加上遮盖也能保持水体干净。

步入式水池（顶及上）
再小的花园空间也可以安装热水浴缸或者冷水池，既是景观，也是聊天的好地方。

满溢的圆盘（对页）
这个满溢的圆池不仅能反射自然光线，而且还能为野生动物所用，鸟儿们可以来此驻留，蝌蚪长大之后也能跳离水池。

布置家具和设施

花盆和花箱

花盆和花箱是为花园打造风格、装点扮靓的无价利器。我用的“花园”一词指意比较宽泛，因为很多特别适合使用花盆的场所并不是严格意义上的花园。在屋顶、露台、阳台、窗户以及普通地面的装饰工程中，使用花盆和花箱都是最为有效的方法之一。

当代还是古典？
简洁而现代，抑或富有年代感及装饰性，哪种更适合你的小空间呢？

花盆有什么用?

花盆不仅能用自身的形状、颜色和装饰来明确表达某种风格，而且通过精心摆放，花盆还可以强调小花园的布局，甚至成为视觉焦点。而花箱往往是在较为受限或者形状不规则的空间中进行种植的惟一方法。

园艺容器最广为流传的形象，是栽种着五颜六色的一年生植物地中海式花盆的。但其实花盆和植物的组合方式有很多种。其实一个造型合适、没有栽种植物的花盆本身，也能具有某种雕塑般的特质。18世纪时，人们将植物种在位于结构尖顶上或者类似地方的瓮瓶里作为装饰，从此以后，花盆、植物与雕塑之间的界限被人为地模糊了。当选择种植的容器时，问问自己是想要花盆、花槽、或更大的花缸作为主要景致，还是想突出其中种植的植物呢？举个例子，小巧可爱的油罐，可以不搭配植物独立摆放，凭其造型就足以提供视觉享受。另一个极端则是，你需要的是否只是一个能放下花肥的花盆，而让其中的植物成为花园的景致？抑或是你想让花盆和植物同样重要？无论植物和花盆的关系如何，重要的是两者间的平衡。

郁金香编队（上）
排列整齐的郁金香适合用有光滑镀层的容器。

都市香草（左）
三个银色的盆栽薰衣草摆放在架高的底座上，形成漂亮的构图。

比例和风格

还需要考虑的是花盆形状和大小在花园背景衬托下的效果。确保盆栽的组合风格与花园的氛围能够搭配起来。一大丛盆栽组合在正确的环境下可以显得特别迷人——但是千万当心，漂亮的一大丛与混乱的一大堆之间仅一线之隔。造型经典的瓮瓶，哪怕是用人造石或者玻璃钢制成的，其风格也是偏豪华的，对于风格较为低调的地方来说，可能就不合适了。一个既不符合空间比例又与整体风格不协调的花盆，足以破坏整体效果。

花盆里的花盆（上）
这些不锈钢花槽中的草植被种在更小的花盆里，这样不仅能更好地固定植物，也有利于换季时更换植物。

活力四射的组合（左）
不同植物与各种陶土花盆的组合令人眼前一亮。如果效果显得杂乱无章，修整时可不能手软。

材料

花盆的天然材料包括石头、人造石（天然石材经过粉碎，与混凝土或树脂混合后，用模具压制而成）、陶土、木头、陶瓷，偶尔还有用板岩的。其他材质的花盆，只要用对了地方也能同样漂亮，有混凝土（可能会做纹理）、金属、以及各种人工合成材料，包括玻璃钢和塑料。

在寒冷的环境里，全年都需要摆放在室外的花盆需要选择抗寒耐冻的材料，比如石头。好在只要花肥合适，排水顺畅，大部分植物都可以在绝大多数材料的花盆中成活。因此选择时可以按照期望的效果尽情选择造型合适的花盆。在简洁而现代的环境中，你可以用丝兰或者仙人掌之类丰满的植物，搭配使用造型简洁的花盆容器。

选择一个容器

虽然选择花盆时会被价格因素所左右，但大多数人愿意在园艺花盆上花上一大笔钱。即使是造型古典漂亮的瓮瓶，如果是作为永久性的花园景致，也值得掏空钱包买回家。然而，如果你买了一个昂贵的进口佛罗伦萨花盆，最终却用植物把它盖得严严实实的，那还不如买超级便宜、超级简单的陶土花盆，反正最终结果都一样。

如果你要的花盆需要在花园里来回搬动，还想在冬天挪进室内，那就要考虑到，届时除了花盆本身，你还得搬动湿润的培土和花肥。顺便提一句，要确保屋顶和阳台上摆放的花盆不会超重。如果你不确定承重，就请结构工程师来评估。如果你需要在这些地方摆放花盆，那就选择轻质的花盆，并且摆放在靠侧边的地方而不是屋顶中间，尽量让墙壁来承受重量（但需要记住的是，如果屋顶有强风，这样摆放会有潜在危险）。

摆放盆栽

所有的植物都是有生命的，它们都需要照料。摆放盆栽的地方要确保有足够的光照，而且得位于够得着的地方，以便日常照料。对于摆放在有曝晒的屋顶或者窗框外的盆栽，可能需要每天浇两次水，或许安装一个自动浇灌系统也是个不错的解决办法。

黄杨树列

这一排修剪整齐的黄杨树种在金属材质的高盆中，为小空间增添了视觉趣味，而且遮住了后面的围栏护板。

聚焦于花盆

哪怕空间再小再不规则，花盆和其他容器都能为其是带来生气，而且可以增添几许或戏剧、或诙谐、或微妙的氛围。一个花盆可以独立作为引人注目的中心装饰，而一组盆栽可以被摆放在花园里的门阶上。对于花盆的选择，没必要局限于市面上已经定型的产品，你可以把植物种在任何容器里（只要有足够的排水孔），因此尽可以发挥创意使用各种物品作为容器，比如烟囱顶帽，甚至旧靴子。

在地中海地区和墨西哥，各种盆子罐子盘子都被种上五颜六色的植物，并且密集地摆放在一起，为窗沿、门廊、走道和庭院带来色彩和情致。这里展示了一组同样色彩明亮而独具匠心的容器。

玻璃种的百合（对页左上）
无论容器是什么材质——这里用的是玻璃——百合都是我的大爱。百合花朵华美宽大，香味更是沁人心脾。

传统盆栽花（对页右上）
早春时分适合栽种风信子，这里用的是陶土盆，围绕着麝香兰和郁香忍冬摆放。

多种材质混合（对页左下）
老牌的天竺葵可以经受住各种环境条件，甚至是种在镀层金属花盆里、摆放在被日照烤热的木板边。

黄杨树球陈列（对页右下）
刷白的花盆使这列黄杨树盆栽显得整齐划一。

“需要考虑花盆的形状和大小在花园背景衬托下的效果。”

雕塑造型

小花园中需要设置一个景致作为视觉上的“标点符号”或者作为整体造型的高潮部分。可以是水景，可以是坐席，甚至可以是人。但如果花园里缺乏这一元素，那就是你发挥创意的时候了。

如果设计是现代风格的，这个中心景致可以是个雕塑；如果是传统风格的，那就放个雕像。对于多数人来说，他们想要的是介于以上二者之间的效果，雕塑太贵，而雕像太庄重。那么中心景致可以是一个花盆或一组花盆、一个盆栽、大圆石头、壁挂墙饰、壁龛，甚至是望向其他风景的一瞥，比如在墙上嵌入一个卷帘窗造型的观景口。不管怎么选择，中心景致都应当引人注目，为花园结构或者其中的植物赋予存在的意义。

盘旋的蛇形（上）
我可以预想到孩子们会如何在这个用瓦片摆放的盘旋蛇形边玩耍。

工艺精湛的小公鸡（右）
这个帅气的小家伙说不定能成为某个小空间的神来之笔——那一丝幽默感在花园摆件中可是件稀罕物啊！

赏心悦目的水流（对页）
这些酷似贝壳的小飞盘，随着水流转动，无论是视觉上还是听觉上都令人愉悦。

“小花园中需要设置一个景致作为视觉上的标点符号。”

"安静的沉思"，玻璃钢制品。

扭曲的雕塑（对页右上）
丰满的白色大理石成为这片平台上富有戏剧感的视觉焦点。

荷叶间的脸（对页下）
头部雕塑与荷叶的完美构图将雕塑和植物联系在了一起。

大多数人对于选择外部景观都比较谨慎，结果就是最终的效果不够强烈，衬不起花园设计，甚至被植物所淹没。通常这是因为物品摆放的位置过低，坐在花园里时就看不到它的存在。雕塑应当摆放在一个居高临下的位置上，不过不一定非要是制高点，因为一件室外景观成功与否，一半的秘诀在于它与其他物件之间是如何共存或者互相制衡的，其他的物件可以是树，是座椅，甚至是望向隔壁房屋的风景。传统上这个景观一般是个雕像，放置在花园正中央，不过现在的户外空间很少用需要将雕塑摆放在这种经典位置的对称布局了。将雕塑靠一侧摆放就是一种赋予空间整体布局以动感的方法，无论多小的空间都是如此。

把握好比例

简单地说，雕塑越大，效果越好，因为雕塑除了为花园内的景色提供视觉焦点外，当人们从室内看向花园时，它也能够锁定观者的视线。对于特别小或者形状不规则的空间来说，锁定视线尤为重要，因为这片空间除了透过门窗观赏无法用作他用。在夜晚使用聚光灯照明雕塑，让室内的人们也能看到它，这种视觉效果能够改变人们对于室内空间大小的感受，从而将室内外空间紧密地统一成为一个整体。

选择雕塑

花园布置中很容易发生这样的事情：先选择一个小雕塑，放在花园里，然后觉得效果不太对，于是在附近放一个花盆，接下来为了更凸显视觉效果就再加上一株漂亮的杂色灌木。这样做的后果是你成功地将观者的注意力引到一组各不相同的景观上来，而你原先希望引人注目的那个雕塑效果反而被减弱了。选择比例大小正确的雕塑是件不容易的事情，因为做选择的时候是脱离需要布置的环境的，所以你得尽力想象出最佳的高度和宽度。这样才能帮助你把握好比例，确保雕塑成为那不可或缺的视觉标点。

不锈钢上的太阳（右）
这件打磨光亮的不锈钢作品在一束阳光下熠熠生辉，令人炫目。

照明

户外照明能够将你从小花园里得到的享受最大化。在春秋季温暖的夜晚，你可以在小花园中用餐、阅读，或漫步其间。如果你能在夜间从屋内看到小花园，那么你全年都能享受花园的夜景，为你所处的房间（无论室内或室外）增添一片空间。当夜幕早早降临，人们躲进花园，藉由凉爽的空气赶走白天的酷暑时，户外照明就不可或缺了；对于夏夜也漫长的地方来说，环境的微光和人工照明能为露天用餐、花园派对增强氛围，使你在从黄昏到深夜这段时间里能充分利用起你的户外空间。

创意灯光及功能性照明

很多人都能想到在花园里点亮圣诞树，但何不更进一步呢？全年中你都可以在园景树顶部用温和的灯光照亮一片盆栽，或者将光线聚焦在雕塑上，即便是冬日下雪天也可以如此。尽量让你拥有的景致发挥最大的作用，如果这些景致所在的空间无法用作他用就更当如此。如果你住在乡郊地区，灯光照明会让你的一亩三分地更有野外的感觉。其他类型的照明一般起到的都是功能性而非观赏性的作用——比如照亮车库与正门之间的空间、台阶上下，或者是起到安保作用的灯光。

和谐的组合（对页）
永久性的上射灯点亮了大叶片的造型，而临时性的提灯则增加了气氛。

旋涡的诱惑（上）
设置在地面的上射灯是这道旋涡墙的关键景致，引导我们走向中央的坐席区。

打造你想要的效果

首先确认你想要照亮的具体物件，然后再定需要做成什么效果。要充分考虑实用性——微微照明的半遮光效果虽然很诱人，但如果你想要在此烧烤或者倒饮料，那就会弄得一团糟。对于活动场所以及通道和台阶，需要用直接照明的光源。灯光应设置在靠近需要照亮但是比较低的位置，以免造成奇怪的投影，在墙上做内凹的壁灯也能完美地达到目的。为户外用餐或者阅读提供照明，需要使用简单的户外台灯。在不同的位置设置防水插座，这样就能移动光源。对于特殊的活动场合，温柔而跳动的烛光是再宜人不过的了，再加上屋内的灯光，可能就足够为靠近房屋的小空间提供照明了。

大雨过后（上）
这片小空间中，灯光和沾湿的地面构成了惊艳的效果，醒目地强调出竹竿、竹叶以及水景造型。

全景照明（对页左）
将几盏温和的灯光设置在正确的位置，就能让花园充满宜人的灯光。

引人注目的柱灯（中上）
这些不锈钢柱内置灯光，照亮入口小道。即使在白天装饰效果也一样好。

小心台阶（中下）
为经常走的台阶提供照明非常重要。如图所示可以将灯安装在台阶中部，也可以安装在一侧。

小上射灯（右上）
网状分布的小上射灯是较为新颖的照明方式。在平台上或者路侧边布置一片小灯光，可以得到很不错的效果。

植物间照明（右下）
上射灯窝在植物丛中，能够打出造型夸张的阴影。

灯具及安装

选择灯具时要兼顾实用性及与户外房间风格的统一性，如果不确定效果，就选择简单、明亮且低调的设计。很重要的一点是，你应当选择专为户外使用设计的灯具，并且由专业人员进行接线和安装。如果小空间很靠近房屋，那么比起另辟一套花园电线线路，让灯具接入屋内主线更加简便易行。所有的灯具、光缆以及墙边的插座都必须能够防水并带有防水盒，因为园艺工作中，叉子或者铲子容易损伤曝露在外的插座。

织物

在较大的空间里，椅垫、抱枕、雨伞、遮阳篷对于视觉的冲击力会被园林里植物和空间体量所稀释。但在小花园空间中，织物就能显示出影响力来，织物用柔软而奢华的感觉填充了因植物匮乏而留下的空白，营造出一种舒适而又诱人的室内氛围。

当代感（上）

桌布和椅垫的织布令这个美妙的午后布景显得柔软舒适。

丛林中的风筝（对页）

三角形的高科技织布帐篷在茂密植物的围绕下遮出一片荫凉。

结构与家具

用遮阳篷作为织布“天花板”，可以为你遮蔽艳阳天的烈日，也可以让你在灰色的阴雨天享受户外时光。如果花园处于周围的环视之下，遮阳篷也能为你提供一方隐私之所。市面有出售标准造型的小遮阳篷，既有固定在墙上的款式，也有用伞骨支撑能够独自站立的款式。不过如果你的空间形状不规则，你就需要自行设计或者制作遮阳篷了。将织布固定在藤架水平支架下方，就做成了悬挂式的遮阳篷。大面积的遮阳伞则是小花园中理想的便携式临时“天花板”。遮阳伞可以架设在桌面或躺椅上方，也便于收起来储存。竖直的织布“墙面”可以遮挡住邻居的花园，提供隐私，也能挡住从侧面吹过来的风。

椅垫、抱枕、地垫及桌布都能为户外空间提供季节性的点缀，而且比植物更有影响力。在阳光灿烂的日子里来到户外，围坐在地垫边，大大的抱枕，能让位于阳台、屋顶或者地面的花园变成一个可以让人休息的房间，看上去诱人而舒适。

普罗旺斯风情（下）
所有舒适的物件都是室内所用，但摆在了室外。布置风格为普罗旺斯式的，并用头顶斑斑点点的树荫作为收尾之笔。

便捷场所（右下）
简单大方的白色遮阳伞效果卓著——撑开后伞下就是一片荫凉，作为聊天的场所再舒服不过。

全年可用的遮阳篷（上）

如图中这样简单的遮阳篷可以维持一整个夏天。其规格尺寸与后面的墙面非常相称。

一抹明黄（右上）

导演椅坐垫的明黄色即使在大遮阳伞的荫蔽下也非常引人注目。

选择布料

用于室外的布料必须结实、可水洗，而且要搭配花园空间的风格。带有图案的布料比纯色更加耐脏，尤其适合用于灰蒙蒙的城镇和都市环境。

将布料样品拿到阳光下，试想一下用这个料子做成的椅子罩或者遮阳伞，在你家花园里与各种结构和色彩以及其他“家具摆设”搭配起来是什么效果。耐磨的布料，比如帆布，应该用于遮阳伞受磨损较多的一面；内部则用衬里，如果用的是精致的花布，还能打造出异域风情的遮阳篷来——可以参考印度和波斯画中那些五颜六色的编织坐垫，以及各种镜像镶嵌工艺品。

增加雕塑感（对页）

制作精良又能耐风雨的传统阿迪朗达克椅不仅有雕塑般的造型，而且一年四季都能在户外摆放，坐着也很舒适。

坐垫组合（右）

这里展示的所有座椅——包括适合阳台的轻质金属家具、树荫下的轮廓清晰的躺椅，以及传统的花园长椅——都被坐垫赋予了生气。

独立式家具

无论你的花园是大是小，其中的家具都应当是花园整体设计的有机组成部分，而不是事后添加的零件。只是当空间有限时，对于家具的思考应当从布局阶段开始，这一点很重要。因此思考时要问自己各种问题。你是否在户外工作或写作？你的家具是否能够承受孩子们在上面玩耍嬉戏？或者，你是否喜欢可供暂时休息的长椅？是否希望在靠近厨房的地方设置一张桌子，以便于在露天环境中备餐？

“对于家具的思考应当从布局阶段开始，这一点很重要。”

呼应形状和颜色

如何将一组家具或者一个长椅的形状和体积与花园的其他部分有机结合起来，这种思考与计划栽种何种植物一样，都非常重要。你需要考虑的不仅仅是家具的实用性，而且还应当包括家具与你的房屋和花园的风格是否统一，以及家具的颜色和形状能带来什么样的影响。你要确定家具是否需要全年都摆放在花园里——如果是，那么这件家具就相当于花园结构中永久性的一部分了；抑或只是暂时摆放，比如放三五个月或者仅仅是在某些特别的日子里。如果是永久性的固定装置，家具就需要有稳定的外观，并且体积和稳定性需要与环境成比例。一般来说，最能让人满意的方法就是用嵌入式家具。一件引人注目的花园家具本身就是雕塑般的存在，甚至可以为你选择其他建材、为花园其他部分进行设计提供灵感。如果家具是只准备在户外环境中摆放一阵子的，那就需要避免使其显得突兀。还得注意当摆放家具的平台在撤掉家具以后不会显得太冷淡。设计时需要同时考虑在有家具和没家具的情况下花园分别是什么样子的。

舒适性和实用性，与风格设计并非互不兼容，不过市面上大部分的家具做不到两者兼顾。又实用又美观的家具值得我们费心到处寻找。在日照充足或者蓝色的大海边，色彩对比强烈、图案复杂的衬垫有着不错的效果，但是在灰色天空下的郊区花园里，则会显得格格不入且华而不实。要考虑不同自然光线对于家具色彩的影响。许多年来我一直在自己的花园里尝试不同蓝色的各种效果。

选择一种风格

那要什么样才理想呢？一般而言，相较于弯曲的有机形状，自然材料制成的家具和中性色彩的衬垫更容易贴合自然的形态。不过，“自然”的风格不一定符合你的空间所处的位置以及房屋建筑或者室内装修的特点。每种材料都有其自身的特质，比如适合摆放在都市阳台里、呼应着相邻房间里新潮家具的，说不定正是一把光滑的金属椅。

作为视觉联系的家具

如果一把设计优美、做工细致的椅子是连接室内与室外的关键，那么就值得为这把椅子花费心血与金钱。在小空间里，室内室外之间的视觉联系尤为重要。二者之间的分隔可以通过在两侧布置同类家具来进行弱化，或者可以用衬垫的色彩、纹理将室内外联系起来。在布置户外家具时，也要考虑到从室内望出去的效果。

不仅仅是座椅（左上）
这个摆件既是雕塑也是座椅。两个相连的椭圆形构成的漂亮形状，有助于构建花园整体的布局设计。

季节场景（左）
树荫下布置的是一套传统的藤编桌椅。

舒适的靠背（对页）
这条滚边公园长椅非常适合背部不适的人在此小憩。长椅本身也很帅气。

保证舒适

家具要选择既实用又美观的。一把用来坐在桌边用餐的椅子，不仅要能提供背部支撑、有适宜的高度和与桌面形成的角度，而且要舒适得能让人懒洋洋地半躺在其中，因为夏天的午餐和露天晚餐可能会成为令人流连忘返的聚会。华丽的铁艺或者仿铁艺的铝质座椅很少能舒服到这个程度，不如选用有帆布坐垫的导演椅，或者简单的松木厨房家具。

如果你想在户外读报纸、看书，筒形的椅子是完美的选择。甚至是冬天里也无法藏起来的秋千（虽然对我来说这是可怕的陷阱），坐着也很舒服。轻质的折叠椅，虽然便于收纳，能临时提供额外座位，但却绝对不适合当做享乐的坐席。日光浴床，类似你在法国和意大利海滩上能看到的那种，实用、舒适，造型也好看，而那些又有轮子又有扶手靠背还可折叠的躺椅，需要留出大片的储藏空间，还得让人有足够的耐心和毅力才能固定在正确的位置。与小型游泳池线条搭配的家具应当是造型简单的，而不是而“讲究”而笨重的。试着找到适合你生活方式的庭院家具并不容易。对我来说，能买到的家具大部分都做不到这一点，基本都是在过于优雅和过于传统之间摇摆。

夏日享乐（顶）
周末享受日光浴，一切已准备妥当，但是冬日里如何储藏这些大家伙呢？选用带有浅花纹的布料，可以避免凸显水渍。

便携而舒适（上）
野餐桌椅便于携带上路，也足够坚固，足够舒服。

材料

充分干燥陈放的木材可以经久不坏，对于酷热、潮湿、严寒都很耐受。如果你需要自己动手制作家具，这也是最容易上手的材料。保留自然纹路并刷上防护剂后，木材可以很好地与花园的自然形态融为一体。如果刷上其他颜色，还能为花园带来新的维度，并凸显出边上的墙壁或者门的色彩。

金属更加适用于现代设计风格，但是不适用于潮湿的环境。除非覆有塑料涂层，金属材质需要定期刷漆以防金属锈蚀后显得疏于照管。而塑料材质正相反，无需维护，适合所有天气状况及光照条件，因此成为制作便携家具的理想材料，不过与石头这类材料不同，塑料经不起时间考验容易老化。

折椅（左）
轻质折椅是布置小花园不错的选择，只要冬天有地方存放就可以。

长椅风景（顶）
暂时性地放置长椅，可以提供摆放花盆的架子，也可以在其上小憩。

餐桌椅（上）
结实的餐椅特为在夏日周末的长时间午餐聚会而设计。

“有效地在最大程度上利用小空间。”

雕塑造型和舒适感（下）
在受限的空间里，内嵌式长椅和桌子的组合占用的空间比较少，但也需要让人觉得舒适——长椅造型在冬天还可以用来摆放盆栽。

宽敞的尺寸（对页）
制作自己的家具时，确保各种尺寸都要做得比较宽敞。这里非常适合摆放一个托盘，铺上床垫，然后开始用餐。

嵌入式家具

将家具建造在花园结构内，能有效地在最大程度上利用你的小空间，从视觉上和从实际情况来看都是如此。从视觉上来说，嵌入式家具最重要的优势在于它是整体设计中不可分割的组成部分（家具使用的材料与周围其他结构能够融为一体），与小空间造型高度统一，从而使小空间显得更大。嵌入式家具还有助于避免使用独立式家具时常见的凌乱的视觉效果，也解决了如何收纳家具这个问题。即使是最小的独立式边桌加椅子的组合，也需要占用至少边长2米左右的空间——对于拥挤的空间来说，这已经是很大的面积了。

利用原有的特征

我们可以将一些原有的特征改造成为坐席空间，或者设计新的元素使之成双搭对。比如绕着原有的水池砌一堵新墙，就可以创造出可以小坐或者摆放花盆的地方。经过设计改造，花坛边的挡土墙能够抬高变成休闲座椅。用砖头或者混凝土铺路砖砌出高出地面的矮台，作为花园永久图案的一部分，可以当做矮桌或者坐凳使用，不使用时这个台面也能与花园其他部分融为一体。原有的树木，常常会占据小花园中一大部分空间，用作吊吊床支撑或者灯架等，就可以节省地面空间。大树可以改造为孩子们所用，比如在上面建造树屋、架设秋千、悬挂绳梯或绳结等等。这种游戏功能的结构在孩子们长大以后也方便拆除。如果将游戏区域设计为更为永久性的结构，最好能提前设想一下多年以后能有什么其他用途。比方说，沙坑可以改造成为水景，四周的挡沙墙可以改成座凳。

材料

为了使花园造型统一，需要选用与花园其他部分相辅相成的材料。如果想用木材，那就用硬木，因为软木材容易劈裂。混凝土经济耐用，但过于简朴，不过可以通过悬吊植物或者与其他材料（比如木材）混合搭配，使混凝土看上去不再是坚硬的一块。砖头是最常用的材料，因为砖头体积小，所以可用在任何能够使用的地方，在犄角旮旯里建造家具。

和谐感（对页上）
用同一种硬木材铺设地面和桌椅，加上时尚的竹竿屏风墙，构成了和谐的屋顶花园场景。

座椅＋储藏功能（对页左下）
条椅嵌入在橱柜的凹陷中。储藏空间越多越好。

简单而完美（对页右下）
没什么造型比这个嵌入式长凳更简洁了。请留心坐凳下方墙面上隐藏的照明灯光。

树椅（下）
环形的座椅区使人们的目光聚集在一株造型奇特的树上。这种方法老套却值得借鉴。

种植

选择适合小空间环境和风格的植物不是容易的事情，
光是可供选择的植物种类数量，
就足以令人生畏。

对页
小花园中，各种木本灌木、多年生植物、球茎植物组成了缤纷多彩的画面。

花园的软件

虽然我同意托马斯·丘奇（Thomas Charch）所说的“花园是为人的”，但植物也同样重要。因为是植物将你的户外房间变成了可供休息的空间——个可以逃离日常生活压力的地方。植物给予的视觉、听觉、嗅觉享受特别有助于恢复元气，而且对很多人而言，照顾植物也能令他们倍感轻松。

那些用来打造室外空间风格和氛围的植物应该当作整体设计的有机组成部分来进行处理。比如花坛的形状或者花槽的摆放应当与地面铺砌建立比例关系、植物的颜色需要与周边环境的颜色相匹配，等等。人们往往错误地以为小空间里应当塞满各种小细节以及华丽精美的小型化植物盆栽——其实正好相反。小空间中最有效的植物搭配方案，基本都是从有限的选择范围内挑出的造型大胆而简洁的植物组成的。

种植设计就是巧妙地处理多种植物素材之间的关系。千万不要一头扎进设计的海洋尝试做出一件让特鲁德·杰基尔（Gertrude Jekyll，1843—1932，19世纪英国工艺美术造园的核心人物）满意的园林作品来。栽培植物的一大乐趣就在于看着植物按照自己的构想逐渐生长成型，以及每年秋季在花园中辗转腾挪以期实现心中设想的美丽图景。

季节性展示（对页）
黄色的多年生植物组合营造出秋季的氛围，包括堆心菊和各种雏菊。

常绿群星（右上）
景天植物的顶端多肉且有造型感。这里展示的是红景天，其花茎顶部为星形的橙绿花朵。

“植物将你的户外房间变成了可供休息的空间。”

你的种植计划

无论花园大小，很多园艺师都希望能在自己的花园里收集各种心仪的植物，并按顺序“摆放”。只不过，精心设计的花园结构值得选用比例恰当、能起到画龙点睛作用的植物来进行搭配。

选择植物

首先，要选择你熟悉的植物——在产品目录或者索引里搜索到想要的植物之后，还要去苗圃或者园艺中心亲自感受一下。虽然这样做会大大限制你的选择范围，但这是有好处的，因为植物品种太多会造成彼此独立的“什锦拼盘”效果，而不是你期望中和谐融洽的植物造型和色彩组合。下一步则是将植物素材按生长高度或占地面积进行分类，按照从大到小的顺序来进行种植。

主要植物

首先确定好你的关键植物或者“招牌”植物。这些植物的用途是在花园植物与周围的建筑之间建立视觉联系，比如将垂枝樱花悬在池壁上方。在小规模的种植中，“招牌”植物可能是以一株丝兰作为常绿核心，环绕着各种多年生植物。你还可以设计一个主“招牌”一个副“招牌”，让二者在花园整体设计中达到互相制衡的关系。

框架植物

下一步是选择框架植物。应当选用常绿植物以搭建稳定的结构并作为其他植物的背景。大块头的常绿植物能够强调花园设计，在需要的时候也能作为屏风或提供一定遮蔽。栽种前要做好规划，尤其是常绿灌木，很多品种都需要生长很长时间方能成型。试想一下植物在5年后的样子，然后照此安排植物间的空隙。在花园平面图上，标注好常绿植物将要覆盖的面积，这样你剩下多少空间就一目了然了。在等待框架植物生长成熟的这段时间中，可以在空隙里种一些速生植物作为补充。

装饰性的填充植物

选定框架植物后，就可以开始考虑你的种植计划需要打造出什么风格或者氛围，然后选择季节性的装饰性灌木品种（也是按从大到小的顺序）。将各个灌木聚集在一起，使之能与花园的尺寸相匹配，比如灌木所在平台的宽度，或是后面的围栏或围墙的高度等。要避免单次使用太多种类的填充植物，否则容易让人分心，就注意不到“招牌”植物了。

“漂亮”植物

下一步是挑选我所谓的“漂亮”植物，这个类别包括绵杉菊属植物、部分长阶花属植物、所有多年生植物以及多种草本植物。这些植物也最好能成丛栽种，除非是在特别小的地方。栽种时要特别留心枝叶的纹理和色泽与周围其他植物的关系，枝叶存续的时间比花期长的多。最后考虑填充空隙的植物——这个类别里包括如郁金香、鸢尾花之类的鳞茎植物、向日葵等自体播种的二年生植物和一年生植物，以及地被植物，比如玉簪及筋骨草等。

制定种植方案

种植计划应当按照你的整体设计而定，目的是为了弱化结构边界、遮盖住硬质的结构。计划种植的最佳方法是在按比例作出的平面图上，标志出植物的位置以及生长成熟之后会占到的空间。下图所示的种植方案就是按照前两页所描述的流程绘制出来的。

1 主要植物
这里的“招牌”植物是果树。

2 框架植物
构成框架的植物有前景中的大戟属植物，以及后方的新西兰亚麻。

3 装饰性填充
树后种着各种装饰性灌木。

4 “漂亮”植物
主要为菊花，树旁及图右下侧还有高大的乌头。

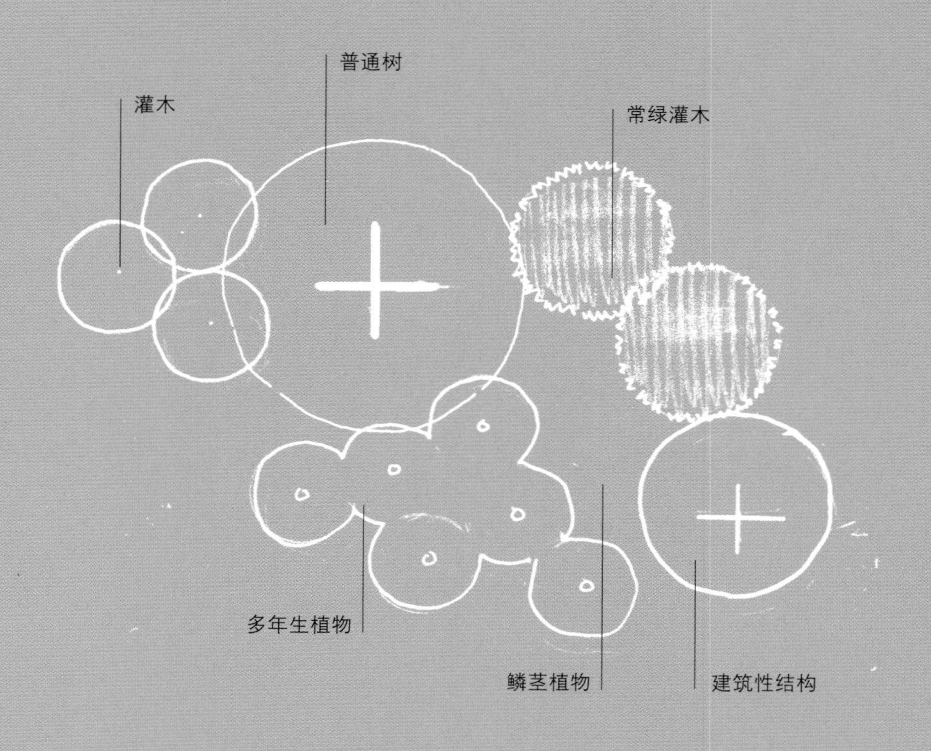

1
2
3
4
4
4
2

增添色彩的植物

色彩能使人重振精神、变得朝气蓬勃，很多都市居民用植物的鲜亮色彩让自己从日常单调的灰色和褐色解脱出来。选择植物的时候，不仅要看到一年生植物花期时的色彩，更要考虑其茎、叶、秆、表皮等部位的长期展示效果。叶子的色彩包括绿色、金色、黄铜色、紫色和银色等各种色彩的不同色调，而茎秆则有各种黄色、绿色、褐色和红色。这些色彩的组合全年均可欣赏，而且还为季节性的花朵色彩提供了背景衬托。

色彩联系

无论你的花园是阳台上的几个盆栽还是地下室入口外的几个花箱，你都要试着按其所处的环境量身定制植物组合，使植物的色彩与环境建立起联系来。你必须记住，小空间中的每一个元素——从墙、地砖到椅套的颜色——都会被看作是一个整体。在小空间中胡乱散种着各种色彩对比强烈、毫无联系的植物，最终的效果就是一大丛随机而相互割裂的组合；用互相关联的色彩能让花园构图和谐美观，形成一个整体，并使空间显得更大。

色彩的影响

方案中每种植物的色彩对整体效果造成的影响会因其植株大小而不同，所以制定方案时要考虑到每种植物会长到多大，并且会对各种颜色的分布造成什么影响。试想一下树荫和光照施加在不同色彩上的效果，因为这会显著影响色彩的质感。比方说红色，这种色彩搭配起来很费尽，也难以用在户外，尤其是光照条件好的时候。但是在荫蔽处，红色与灰色、紫色和粉色间的搭配则十分融洽。

增强色泽（左上）
血草，草如其名，花盆强调出了草植的色泽。

单色方案（左）
强烈的红色，辅以零星的深紫，点缀在这片造型丰富的绿叶丛中。

色彩和形态（对页）
薰衣草花的垂直形态与葱属植物的粉色半球相映成趣，形成了晚春的景致。

银色与灰色

很多植物的叶子都是银灰色，可以让种植方案带有轻盈感。不同植物的叶子有着不同的纹理密度，由此产生的色彩强度也不同。通过布置，我们可以使种植方案的某些部分显得轻柔飘渺，而其他部分显得大胆醒目。银色和灰色的植物一般喜欢偏热、向阳的位置以及干燥的土壤。

1 **Helichrysum italicum**
意大利腊菊，咖喱草
别称咖喱草，这种灌木的叶子能散发出浓郁的香味。花朵小而黄，成簇状，植株可以长到60厘米高。

2 **Salvia argentea**
银灰鼠尾草，鼠尾草
这种草一般作为景观植物，叶片灰色而多褶，因表面有丝状绒毛而看上去有些发白。茎叶顶部可开白色花朵，成株高约60厘米。

3 Lamium maculatum ´Beacon Silver´
“银色灯塔”紫花野芝麻，野芝麻

这种植物可以在有部分树荫的凉爽花园中作覆盖地面之用，也可以种在高大的灌木下。成株高约10厘米。

4 Artemisia ´Powis Castle´
“波维斯城堡”艾蒿，苦艾

该品种与树蒿相近，细丝状的叶子呈柔和的灰色，这两种蒿草我都很喜欢用。喜热、耐干，成株约60—90厘米高。

5 Stachys byzantina ´Silver Carpet´
“银色地毯”绵毛水苏，羊耳草

这种羊耳草不开花，其形成的银色团可以用在花坛边缘或者用作不太密集的地面覆盖。植株高约12厘米。

6
7
8
9

6 Hedera helix ´Glacier´
“冰雪”常春藤，普通常春藤

这种常春藤能够自行攀爬，叶片小而呈银灰色，边缘为白色。适用于任何环境，耐寒。叶片尺寸为3厘米×3厘米。

7 Cynara cardunculus
刺苞菜蓟，刺菜蓟

造型性强，非常适宜在每年头几个月中栽种。它与朝鲜蓟（于夏季中期枯萎）是近亲，但更具观赏性。叶子宽大且美丽，但仅适合较为大型的花园。植株高约2米。

8 Verbascum bombyciferum
银丝毛蕊花，毛蕊花

二年生植物，毛蕊花的叶子呈灰白色，形长而卵状，拢成了巨大的花结，其穗状花序高达2米，花朵为黄色。

9 Santolina pinnata ssp. neopolitana
柠檬羽裂圣麻，绵杉菊

这种低矮灌木有着羽状的灰色叶子，能开出如纽扣般的黄色小花。其形成的灌木树丛约60厘米高。

10 Senecio Cineraria ´Silver Dust´
“银色粉末”银叶菊，千里光

这种千里光植物叶子呈银灰色，花茎覆有白色绒毛。畏寒，无法在潮湿的冬天存活。成株高约50厘米。

11 Ruta graveolens ´Jackman´s Blue´
“杰克曼氏蓝”芸香，芸香

芸香叶子呈蓝灰色，折断枝叶后散发浓香，适宜用作围篱，成株高约45厘米。

紫色

紫色是一种很挑剔的色彩（相较于花朵来说，紫色更常见于叶子），很难与其他色彩混合搭配。然而我们可以通过不同紫色之间的搭配打造出令人惊艳的效果，强化花园氛围中的情绪感。为数不多的紫叶常绿植物大都是小檗属植物。

1 Weigela florida ´Foliia Purpureis´
紫叶锦带，锦带花

灌木，6月开花，花呈淡粉色，与叶子很相衬。喜湿润而腐殖质丰富的土壤。成株高度及展幅约为1.2米 × 1.2米。

2 Erysimum ´Bowles Mauve´
“淡紫色鲍尔斯”条叶糖芥

这种壁花很不寻常，深浅不一的紫色花朵虽然没有香味，但是能维持开放好几周的时间。成株高约90厘米。

3 Saxifraga oppositifolia var. latina
挪威虎耳草拉丁变种，虎耳草

虎耳草低矮的绿色枝叶全年常绿，可蔓延出花坛边缘外，效果尤佳。偶尔会在晚春时分开花。高度及展幅约5厘米 × 20厘米。

4 Berberis gagnepainii ´Wallchiana Purpurea´
“紫叶”湖北小檗，小檗

多刺灌木，耐干。此品种为常绿植物，茎直立，叶黄色，披针形，有凹陷。能生长至约80厘米—1.2米高。

5 Sedum telephium ´Atropurpureum´
“深色”紫景天，景天

这种景天非常引人注目。夏末时，其花柱呈现出淡粉色与褐色，最终形成巧克力棕色的蓇葖。高度为45厘米。

6 Ajuga reptans ´Atropurpurea´ “紫叶”匍匐筋骨草

这种筋骨草是适宜潮湿环境的地被植物，其深蓝色的花朵与光亮的枝叶形成漂亮的对比。成株高约20厘米。

7 Salvia officinalis Purpurascens Group 撒尔维亚紫叶鼠尾草，紫鼠尾草

我很喜欢这种木质植物，不过每过两三年就需要重新栽种。幼枝为柔和的灰紫色，花朵呈蓝紫色。高约60厘米。

8 **Cotinus coggygria**
黄栌，红叶

红叶黄栌有很多品种，其枝叶呈现出各不相同的紫色。偏好轻质土，长势旺盛，高度及展幅约为1.8米×1.5米。

9 **Hebe 'Mrs Winder'**
“卷夫人”长阶花

本属都是常绿植物，适应除了极寒和极湿的所有环境。不过不是所有物种都耐冰冻。“卷夫人”有着紫铜色的叶子以及亮蓝色的花。成株高约60厘米。

金色和黄色

金色是一种充满阳光感的暖色，哪怕是在阴暗的天气里，金色也能让环境显得更亮。金色的植物与绿色、淡黄色、柠檬黄、正黄色的花朵都能形成漂亮的搭配，还可以引入蓝色，让人们感到更振奋。

1 **Hypericum calycinum**
大萼金丝桃，木槿

金丝桃是非常坚韧的植物。这个品种为常绿植物，在任何土壤条件下都能存活。喜阴或半阴，能长到30厘米高，伸展幅度则不定。

2 **Helichrysum splendidum**
光彩蜡菊，蜡菊

这种密实的常绿灌木有着银灰色的披针形叶子，夏季开放黄色的小花簇。喜热，耐干，能长到1.2米高。

3 Oenothera missouriensis
长果月见草，月见草

这种草在傍晚及夜间开花，喜热、耐干。花朵为柠檬黄色，日间闭合，傍晚开放，枝叶细致，开花后几不可见。可自体播种。成株高约23厘米。

4 Primula bulleyana
桔红灯台报春，报春花

每年五六月间，报春花花序形如大烛台。在阳光下或者荫蔽处均可生长，喜湿润的环境。成株高约45厘米。

5 Ilex aquifolium ´Golden Milkboy´ “金奶童”英国冬青，花叶冬青

冬青生长缓慢，却是株形雄伟的常绿植物。适应任何排水良好的土壤环境，喜半阴或全阴。不喜特别潮湿或特别干旱的环境。

6 Lysimachia nummularia ´Aurea´ 金叶过路黄

地被植物，蔓性草本，只有5厘米高。耐水湿，耐寒。

7 Sambucus racemosa ´Plumosa Aurea´ 金叶接骨木，公道老

接骨木为速生灌木，适应各种环境，非常坚硬。虽然不是常绿植物，但其叶片形态丰富多样。

8 Melissa officinalis 'Aurea'
"金叶"香蜂花，薄荷香脂、蜂香脂

多年生植物，叶片能散发出柠檬香味，并常年呈现出鲜明的亮黄色花纹。宜栽种在半阴处，以防叶片枯萎。成株高约60厘米。

9 Euonymus fortunei 'Emerald 'n' Gold'
金叶扶芳藤，落霜红

这种匍匐枝地被常绿植物会在地面密实堆积起来，并在秋天霜叶转为红色。能在大多数条件下生长，多用作花坛镶边或者种在花盆中作为常年观赏植物。高度及展幅约为45厘米×60厘米。

红色和橙色

虽然不是人人都喜欢，这两个挑剔的色彩倒的确有提亮幽暗角落的效果，因而更适合用在活动较多的场所。将红色和橙色与金色或者灰色、紫色的叶子搭配，用在人工搭建的场所里（比如屋顶或者都市中的花园里），效果绝佳。在温和的气候条件下，任其在花园中自由生长，红色和橙色是最具有秋日精髓的色彩。

1 Hibiscus rosa-sinensis 'Scarlet Giant'
"红巨星"朱瑾，中国蔷薇

如果想要在盛夏以后营造出艳丽的效果或者热带风情，这就是你要的植物。喜排水良好的土壤，喜光。高度及展幅约为1.8米×1.8米。

2 Dahlia 'Grenadier'
"珠宝"大丽花，大丽花

我对大丽花一直是越看越喜欢。在温暖的环境下，只要排水良好，大丽花的球茎可以留在土壤中过冬。这种花有诸多品种、诸多形态。这里展示的为"装饰性"花形，部分品种有褐色或者紫色的叶子。一些有着巨大头状花序的品种可能需要立桩支撑。其高度和展幅约为60厘米×60厘米。

3 Hemerocallis 'Stafford'
"斯特拉特福"萱草，黄花菜

如果别的植物都不行，萱草总是不会令人失望。近年来杂交出了不少特别漂亮的花形，这里就是一个例子。萱草是早春最早出叶的植物之一。随后其郁郁葱葱的绿叶就能很好地覆盖住地面。开花的萱草则更有锦上添花的味道。萱草适应各种土壤，但是不能太干，喜阳光也耐半阴。这个品种高度约为70厘米。

4 Hemerocallis fulva
萱草

这是萱草的另一个品种。橘黄色的花序上有明显的红色花纹。成株可长到1.2米高。

3
4

5 Scabiosa atropurpurea ´Ace of Spades´ “黑桃A”紫盆花，轮峰菊、松虫草

轮峰菊是适用于小花园的多年生植物，成株高约75厘米，适合与其他种类的多年生植物或者草丛混合栽种，效果不错。紫盆花有深红色花序，花期从夏季中期到初秋。

6 Cosmos atrosanguineus 巧克力秋英，巧克力波斯菊

一年生植物，可用于填充植株间空隙。花期为夏秋两季，花序有白色、粉色、红色以及这里展示的暗红色。这种秋英有着巧克力香气。可以大量栽种以形成视觉效果。这个品种成株高约75厘米。

5

6

7 Rosa rugosa 'Roseraie de l'Haÿ'
"莱伊玫瑰园"玫瑰，灌木月季

玫瑰可四季开花，为灌木蔷薇属植物，抗病能力强，花朵气味芬芳。这个品种为杂交玫瑰，花朵为深紫红色，花苞颀长而优雅——是一个非常优秀的品种。即使在贫瘠的土壤中也能茁壮成长。高度及展幅约为1.8米 × 1.8米。

8 Hydrangea macrophylla 'Hamburg'
"汉堡"绣球，西洋绣球

这种常见的绣球花有着粉色的花序，但如果栽培在酸性土壤中，花序则呈蓝色。秋季花序转为深红色。喜肥沃且排水良好的土壤。为保护下面的花蕾，可将花序留在枝头过冬，次年3月摘去。开花后需要修剪残枝和老枝。

蓝色

在我看来，蓝色作为花园缤纷色彩中的一种，很少有用得不恰当的时候——或轻柔安宁，或朝气蓬勃，淡妆浓抹总相宜。用来搭配小型健身泳池时，能形成非常漂亮的效果。如果把蓝色的多年生植物放在室内或者种在草地间，效果也一样不错。

1

2

3 Hydrangea serrata 'Bluebird'
"蓝鸟"泽八绣球，绣球花

这种绣球的花序形似八仙花。花序扁平，中央为小小的淡蓝色花朵（可孕），外圈为浅粉色的"舌状花"（如栽种在酸性土壤中则呈蓝色）——花朵较大，但不会结出果实。成株最终高度及展幅约为1.2米×1.2米。

4 Buddleja davidii 'Empire Blue'
"帝国蓝"大叶醉鱼草，紫花醉鱼草

这种速生灌木可以在短时间内形成观赏效果。叶片呈狭卵形，七八月间开花，浓烈的蓝紫色花朵中央为橙色的花蕊，花色及花香均非常招蝴蝶。可适应各类土壤，喜光。成株高度及展幅约为2.5米×1.8米，但可通过修剪限制大小。

1 Echinops ritro
硬叶蓝刺头

这种植物能够在贫瘠的土地中生长，其雕像般的造型，不仅源自它的色彩，更是因为它的外形。银色的披针形叶片间伸出高大的灰色花茎，于夏末开出钢青色的花朵。植株结构紧实，高约75厘米。

2 Iris sibirica 'Perry's Blue'
"佩里蓝"西伯利亚鸢尾

这种优美的鸢尾花可以种植在水边或者肥沃、湿润的土壤中。成株高约75厘米。

5 Eryngium bourgatii ´Oxford Blue´
“牛津蓝”地中海刺芹，刺芹

这种植物茎叶造型壮观，叶片具羽状深裂，叶脉呈银色。整个夏季中，其蓝绿色花序都非常显著。成株高度可达60厘米。

6 Festuca glauca ´Blue Fox´
“青狐”蓝羊茅，羊茅

这种草硬而尖，茎杆呈钢蓝色，与其他丰满的灌木和多年生植物形成有趣的对比。喜充足的日照及特别干燥的土壤。高度及展幅约为20厘米 × 23厘米。

7 Agapanthus campanulatus ´Blue Giant´ “蓝巨人”吊钟百子莲，非洲百合

只要土壤排水良好，这种百子莲可以适应大多数环境。但如果栽种在较为开阔的地方，冬季建议覆盖护根。其浮夸的花序出现在8月，是盛夏的典型花序。适宜盆栽，能长到约90厘米高。

8 Penstemon ´Sour Grapes´ “酸葡萄”钓钟柳，钓钟柳

我越来越喜欢钓钟柳那令人印象深刻的花序。此变种的色彩如同未成熟的葡萄——淡淡的紫水晶和蓝色。宜种在排水良好的土壤中，花期为7—10月，成株高约60厘米。

7

8

淡黄色和白色

我喜欢白色的花朵，尤其是被一大片绿叶环绕中的白色花朵。白加灰是一种淡雅而练达的色彩组合。花园中色彩太多会导致视觉疲劳，但是无论白天黑夜，白色永远是清新的——不是每种色彩都能用这样的话来描述的。

1 Romneya coulteri var. trichocalyx ´White Cloud´
“白云”杂交裂叶罂粟，加州罂粟

加州罂粟有着纯洁的白色花朵，辅以亮黄色花蕊，本品种还有漂亮的灰色枝叶。其产地指明了栽种要求——排水良好的土壤、面南的朝向。扎根较慢，但最终可形成牢固的地下根系。因此不适宜盆栽。成株高约1.5米。

2 Narcissus poeticus var. recurvus
红口水仙亚种，雉眼水仙

白色水仙有很多种，这个品种有着浓烈的香味，其杯状花心有红色边缘，因此获名“雉眼”。本球茎植物春末开花，成株高约36厘米。

3 Leucanthemella serotina
小滨菊

这种多年生植物非常实用，可以种在灌木间，10月开花。植株可高至2.3米，强壮的竖直茎杆顶端为雏菊状的花朵，花心绿色，花瓣粉白色，适合采摘。

3

4 Primula vulgaris
欧洲报春花，报春花

没什么能比路边丛生的报春花更早地预告春天的来临。我喜欢它的淡黄色。植株喜阳及湿润的土壤。

5 Crambe cordifolia
心叶两节荠，两节荠

每年7月，两节荠粗糙的绿叶间长出如满天星般壮观的花序，花朵随即枯萎。因此最好能将这种2米高的漂亮植物与秋季开花的灌木混合栽种，待到下一年，植株就不见了。

6 Kniphofia 'Little Maid'
"小姑娘"火炬花，红火棒

这个品种的火炬花花蕾呈绿色，秋季开花后为白色，花期可持续好几周的时间。其叶片整齐而狭长，较其他品种的火炬花来得小一些，成株高约60厘米。

7 Helleborus hybridus 'Citron'
"香橼"圣诞蔷薇，嚏根草

我觉得人们没有足够认识到嚏根草的价值所在，因为它不仅是常绿植物，有着雕塑般的造型，而且它们也有漂亮的杯状花朵，早春开花。只要排水通畅且土壤富含有机肥料，它们可以在任何环境存活。

攀缘植物

小空间的花园里，攀缘植物弥足珍贵。它们不占用宝贵的地面空间却能让人享受植物的陪伴，而且可以使生硬的结构变得柔和，遮住丑陋的部分，还可以配合藤架或开放式栅栏，为花园带来隐秘感，带来荫凉以及遮蔽。

攀缘植物的类别

有些攀缘植物有气生根，可以吸附到垂直立面上，无需提供其他支撑，比如常春藤属就是如此。其他种类，以香豌豆和铁线莲属植物为例，则是用扭曲的卷须进行攀爬，可附在网格架、开放式栅栏或者寄主植物上。除了这些真正的攀缘植物外，还有一些植物可以依靠自身推挤的力量沿着立面生长，例如平枝栒子，这种植物可以与类似矮生栒子这种能从上方垂吊而下的植物搭配使用。还有很多灌木，以荷花玉兰为例，当种在自家花园开阔地带时可以正常生长，但如果种在靠墙的地方，给它一点支撑并加以整枝，就可以沿着墙立面长到很高。

攀爬支架

格子和金属丝都可以用来做供植物攀爬的支撑物。其中金属丝是最隐蔽的，但是不适合较重的攀缘植物。使用格子时，可以单纯以支撑植物为目的，这时要注意格子既不能抢植物的风头也不能铺得满墙都是。如果想把格子作为一种装饰性景致来布置，那么就要让格子本身更加引人注目，比如刷上亮眼的色彩，或者比植物占据更多面积，这时植物仅仅起到修饰点缀的作用。

1 Hedera helix ´Goldheart´
金心常春藤，常春藤

常春藤为常绿攀缘植物，耐寒，可主动攀爬，适用范围广。其优雅的绿叶有着金黄色的叶心。在攀爬上支架之前生长缓慢。成株可以长到1.2米高。

2 Parthenocissus tricuspidata
地锦，爬山虎

地锦是生命力非常顽强的落叶藤本植物，到了秋季，叶子转为红色和深红色，令人眼花缭乱。生长环境不限，不过要注意避开排水沟。高度及展幅约为7米 × 6米。

3 Solanum crispum ´Glasnevin´
星花茄，智利土豆藤

这种爬墙植物的生长需要有荫凉遮蔽，朝向南方或者西方，适应各种土壤质地。7—10月能开出密集的蓝紫色花朵。成株高度及展幅约为4米 × 1米。

4 Lonicera brownii ´Dropmore Scarlet´
“德普尔绯红”布朗忍冬，垂红忍冬

这种品种的忍冬没有香味，但7—10月能开出色泽亮丽的管状花序。喜富含腐殖质的土壤以及湿润的环境。栽种时要注意覆盖根部。其高度及展幅约为1.5米×1.5米，成株可攀至3.5米高。

5 Actinidia kolomikta
花叶深山木天蓼，花叶狗枣猕猴桃

这种落叶藤本植物叶片呈卵形，叶尖看上去像是蘸了粉色涂料或者奶油，因而大受欢迎。全日照条件下叶片着色良好。高度约3—4米。

6 Humulus lupulus ´Aureus´
金叶啤酒花

这种啤酒花枝繁叶茂，秋季开出典型的啤酒花花序，每年冬季植株凋谢后需进行剪枝。成株在全日光照条件下能长到4米高。

7 Ceanothus x delileanus ´Gloire de Versailles´

“凡尔赛荣耀”杂交鼠李，加州丁香

这种攀墙灌木能从夏季中期到初秋开出天蓝色花序。此杂交品种与其他有着各种蓝色花序的鼠李不同之处在于它不是常绿植物。

8 Rosa Iceberg

冰山月季，藤本月季

这种藤本月季生命力旺盛，其叶片光滑，重瓣花朵呈偏白的淡粉色，散发出香甜的气味。植株高度约1米。

9 Ipomoea tricolor

三色牵牛，朝颜

这种一年生缠绕草本可以与其他多年生攀缘植物搭配栽种。其花朵呈品蓝色，每朵花只能开放一天的时间。成株高约60厘米。

速效种植

“速效”植物是指那些一年之中迅速生长，从而能够对种植环境产生即时影响的植物。所有的一年生植物都可以归为速效植物，此外也包括一些二年生植物和速生灌木以及攀缘植物。

短期影响

即使精心规划的种植布置也可能出现断层，这种情况下一年生植物就成为必不可少的选择。此外一年生植物还有很多可以大显身手的地方，比如城市中很多诸如房顶和窗台之类的小空间，特别是在不适合灌木越冬的地区，全靠一年生植物搭配色彩。对于只在某处房屋短期居住的人来说，一年生植物也可以被用来迅速布置出五彩斑斓的效果。

长期补充

对于尝试长期营造树木和灌木群落的人来说，一年生植物是填充缓生品种间隙的优先选择。金盏花和勿忘我属植物可用于填充低层空间，诸如金雀儿属植物之类生长周期较短的速生落叶灌木，可以在常绿植物较长的生长周期中作为长期填补品种，并在适当的时候移除。

向日葵属和花葱藤以及多花菜豆、蛇麻等一年生攀缘植物，非常适合给即将成形的景观增加季节性高度，或在黄杨或紫杉等篱植的生长期作为临时屏风。

二年生植物

二年生植物头年种植第二年开花，因此使用包括洋地黄属和毛蕊花属等能够长到足够高度的二年生植物作为速效种植时需要一定的前瞻性。

1 Tropaeolum majus
旱金莲，旱荷

多彩而艳丽的旱金莲在仲夏绽放——莫奈在小径边栽满了它们。旱金莲非常适合在排水良好的土壤上生长，最高能蔓缘至2米，也可任由枝蔓垂落。

2 Nicotiana x sanderae Domino Series
杂交花烟草，多米诺系列

花烟草是很有用的一年生植物。它有着烟草般的大片绿叶，并在夜晚绽放花朵，花色丰富，有杂色也有纯色，包括图示的奶油白。成株可以长至30厘米高。

3 Sambucus nigra
西洋接骨木，欧洲接骨木

接骨木是木本灌木，树叶有各种不同形状和颜色，适应性极强，每季能生长2米，应该经常使用。

4 Helianthus annus
向日葵

我很喜欢向日葵，从白色、黄色到橙色和棕色，带着斑驳的光影。向日葵能够将新生的灌木装点得更加茂密，它对土壤要求较低、喜欢充足的阳光，最高能长至3米，但某些品种，如地中海混合种，只有这个高度的一半。

5 Cytisus x praecox
黄花金雀儿

黄花金雀儿是一种速生灌木，喜欢炎热、阳光充足的地域，土壤要求排水良好，花期过后需要及时修剪，非常适合作为填充品种快速营造效果。

6 Calendula offcinalis ‘Art Shades’
金盏花

金盏花很好闻！作为一年生植物，金盏花一旦种下每年都会自行繁殖萌发，成株高约50厘米。

7 Passiflora caerula 蓝花西番莲

这种美丽、充满活力的攀缘植物有着8—10厘米宽的迷人花朵，白色花瓣衬托着一圈纤细的蓝紫色花丝，花期过后会结出橙色的蛋形果实。它生有卷须，喜欢攀附在温暖的墙壁上。

8 Matthiola incana ‘Giant Excelsior’ 紫罗兰

紫罗兰有着白色、粉色或淡蓝色的花朵，花香浓郁，是很好的二年生填充品种。紫罗兰适合所有良好的土壤，偏爱阳光充足的位置，株高可达75厘米。

9 Digitalis purpurea 毛地黄

二年生植物毛地黄在淡淡的光影中显得非常漂亮。毛地黄株高可达1米，从而快速建立高度。此外也有白色的品种。毛地黄能够自体繁殖。

闻香种植

没有什么比香气更丰富而诱人了——芳香植物适合每一个小花园。它们多为攀缘植物，只需要很小的地面空间就可以生长，甚至可以种植在容器中进而放置在任何地方。空间越小，你离芳香植物就越近，香味也就越发浓郁。

季节性香味

每个季节都有各自的芬芳。春天伴随着风信子和水仙的清香，两者都很适合种在容器中。随之而来的是紫藤、蒙大拿铁线莲（绣球藤）和丁香的甜香，混合着蔷薇和石竹的夏日芬芳，适合盆栽的王百合和天香百合、醉鱼草更令人陶醉。素方花和唐菖蒲属植物散发着迷人的异国情调，在烟草属植物的衬托下延续至秋季。冬季只有羽脉野扇花、瑞香等灌木还在绽放，但别忘了还有迷迭香等常绿草本植物的叶片也在散发着幽香。

适合宠物的植物（左）
宠物，特别是猫，很喜欢香草的味道，猫薄荷自然是它们的最爱。

1 Matthiola incana Cinderella Series
紫罗兰，灰姑娘系列

紫罗兰这种二年生植物不但有着一系列柔和的色彩，更有着飘香悠远的浓郁香气。紫罗兰喜光照，株型较矮，约25厘米，不但可以作为盆栽，也可以作为填充品种用于造景。

2 Daphne mezereum
欧亚瑞香

欧亚瑞香是一种小型圆叶常绿灌木，二三月份开花，浅紫色的花朵格外香甜。喜阴凉、湿润、通风环境，成熟时株高约60厘米，最高可达1.2米。

3 Rosmarinus officinalis
迷迭香

这种常绿草本植物枝叶茂密，花期为仲春至初夏，有蓝色的盔状花瓣和深绿色的针状叶、叶片阴面为白色，叶子蕴含的精油散发出香味。迷迭香喜光照充分、排水良好的土壤，成株高度及展幅约为75厘米×75厘米，最高可长至1.5米。

4
5
6

4 Cytisus battandieri
总序金雀儿，摩洛哥金雀花

总序金雀儿叶被银缎样绒毛，花期自暮春至仲夏，有着金黄色的花朵，散发着凤梨般的香气。它最喜生长在温暖的墙边，成株高度及展幅约3米×2米。

5 Viburnum x carlcephalum
红蕾雪球荚蒾

芳香的荚蒾有很多品种。红蕾雪球荚蒾在晚春绽放出一丛丛香气浓郁的白色花朵，在秋季叶子颜色也会变得很漂亮。成株高度及展幅约为2米×1.5米。

6 Salvia officinalis ‘Icterina’
撒尔维亚黄金鼠尾草，鼠尾草

黄金鼠尾草的灰绿色叶子上带有金色的斑驳，非常漂亮。它喜轻质土壤，需要保证光照才能产生典型的鼠尾草叶香，成株高度及展幅约为0.6米×1米。

7 Lavandula angustifolia
狭叶熏衣草，古英国熏衣草

熏衣草为常绿植物，成株高度及展幅约为80厘米×80厘米，典型的灰蓝色花朵自晚春到夏末盛开，但其浓郁的香气却来自银灰色的叶子，花期过后需要及时修剪。

地被种植

在面积紧张的城市花园中往往有些不规则或残余的边角空间，用常规的方法很难甚或根本无从规划造景，这时我们就应该充分利用地被植物。只需简单清理土壤，地被植物就可以替换掉难以养护且容易变得杂乱的小片草丛，还能起到抑制杂草的作用。

形成衔接或对比

人们可以在小的混合种植规划中用地被植物衔接较高的植物群落，或直接用地被植物与硬地面或碎石区域形成对比。如果希望把地被植物限制在特定的区域内，不要选择类似蔓长春花这些被认为会胡乱生长或具有入侵性的植物，因为你很难控制它们。矮生植物和较高但呈圆丘状的植物都可以用作地被，有很多细小叶片交织成密实草甸的筋骨草属、长着引人注目的大叶子的岩白菜属以及叶片毛茸茸的绵毛水苏等多年生植物都属于前者。人们可以选择缓生的矮生栒子之类的常绿灌木作为整年的地被植物，甚至可以考虑墨西哥橙花之类长得较高但在靠近地面部分也很浓密的常绿植物。

“用地被植物解决不规则空间的规划问题。”

1 **Salix reticulata**
皱纹柳

皱纹柳是一种原生灌木柳树，它的匍匐茎能够交织成厚实的草甸，耐荫，喜湿润土壤，成株高度及展幅约为4厘米×20厘米。

2 **Lamium maculatum‘Beacon silver’**
“灯塔银”紫花野芝麻

紫花野芝麻特别适合用作半阴处阴凉土壤的地被。它的叶片为银白色，叶缘为绿色，株高约10厘米。

3 **Ceratostigma plumbaginoides**
蓝雪花

这种植物特别适合秋季的花园，它的细茎蔓生交织在一起，蓝色花朵掩映在变为深红色的叶丛中，色彩斑斓非常漂亮，也很受蝴蝶青睐。它的株高约为23厘米。

4 Ceanothus thyrsiflorus var. repens
聚花美洲茶；加州丁香

这是一种产自加利福尼亚的矮生常绿灌木，一丛丛生长很迅速，晚春时节花丛表面铺满淡蓝色的花朵。成株高度及展幅约为0.45米 × 2.7米。

5 Rosa ‘Hertfordshire’
“哈福德郡”月季，地被月季

地被月季诸多品种中，有一系列称为郡系地被月季，各自有着不同的颜色和质地。这个品种在阳光下绽放着洋红色的单瓣花朵，成株高度及展幅约为0.6米 × 1.2米。

6 Heuchera micrantha var. diversifolia ´Palace Purple´
“华紫”变种矾根，肾形草

随着人们不断杂交出更多的叶片颜色和斑纹，矾根的品系也在不断扩充。图示品种已经出现了一段时间，它的叶子腹面为红铜色，背面为粉红色，细小的白色羽状花结出玫瑰铜色的种荚。矾根适合大量密集种植，成株高度及展幅约为60厘米 × 30厘米。

7 Geranium macrorrhizum
巨根老鹳草，牻牛儿苗

老鹳草有着诱人的深裂叶片和生机勃勃的花朵，用作地被植物，可以有效地抑制杂草。它的花期很长，有白色、粉红、浅蓝以及图示的洋红色，花色如同宝石般饱满。老鹳草喜阳，能够适应普通土壤，成株高度及展幅约为45厘米 × 90厘米。

8 Vinca major ‘Variegata’
“花叶”蔓长春花，花叶长春蔓

花叶蔓长春花用长匐茎向外蔓延生长，生命顽强，适合作为背阴处的常绿地被，早春时节开满薰衣草蓝色的花朵。成株高度及展幅约为36厘米 × 36厘米。

9 Cotoneaster dammeri
矮生栒子

大多数环境都能找到适合的矮生栒子品种。所有的矮生栒子都会在仲夏开出白色的小花，随后结出大量红色或橙色的浆果。矮生栒子可以一边生长一边扎根，持续地不断扩展覆盖规模，是很好的常绿地被植物。它可以沿着墙向下垂吊生长。矮生栒子株高约为5—7.5厘米。

6
7
8
9

盆栽植物

花盆或花箱让人们可以在任何地方种植任何大小的植物，所以在小空间花园中它们非常受欢迎。不论是为了营造不同的布景，还是仅仅一时冲动，你都可以随便把它们搬来搬去。

墙上戏剧（上）
丝兰种植在花盆中，绿叶和红墙形成对比鲜明的视觉冲击。

装饰二重奏（对页）
柳叶马鞭草和羽绒狼尾草一类的茸毛花穗套种在陶器里。

植物养护

不论蔬菜、香草还是小树都可以盆栽，只要花器能够提供足够的根部空间，并且水分和养分能够跟得上。

花器必须有透水孔，否则密闭的容器底部会积水从而导致植物烂根，同时积水在冬季还可能结冰从而冻伤植物的根部甚至损坏花器。透水孔上可以铺设一层多孔材料，比如鹅卵石或者碎陶片。

除了那些喜欢贫瘠土壤的品种，其他植物的堆肥多多益善，堆肥越多维持的水分和养分也就越多。盆栽的植物更需要优质的堆肥，而且每年春天都需要移除顶部的土壤并更换新的堆肥，千万别在这点上省钱。开阔处有风，会导致失水，所以在无遮蔽处或者挂篮中种植的植物比在地面种植的植物需要施加更多的水分和养分，这点对于种在露台或者窗槛花箱中的植物尤为重要。

特别关注

陶盆干燥得很快，在使用前需要把陶盆充分浸透，或者可以尝试在陶盆内侧衬上塑料层以协助保水。同理，挂篮也应加上塑料垫层或铺设一层莫斯苔藓。在塑料衬层上戳孔以排除积水，同时也可以让植物的根部顺畅呼吸。

“尝试改变盆栽的位置打造不同的布景。”

1 Tulipa whittallii 郁金香

我非常喜欢郁金香，其中最爱花形像百合一样的品种，它们的花枝似天鹅长颈般摇曳低垂，盆栽时格外美丽。株高可达50—60厘米。

2 Sempervivum tectorum ‘El Toro’ 佛座莲，石莲花

佛座莲是一种可以簇生成垫状的多肉植物，图示品种有着莲座样的亮红色叶片，其它品种的叶片大多为绿色。佛座莲在初夏至仲夏会长出长茎并开花，宜种植于扁平石槽中，用砾状堆肥确保排水通畅，喜阳。

3 Agapanthus Headbourne Hybrids
杂交百子莲，非洲百合

杂交百子莲比体形稍大的铃花百子莲显得更为精致。它有着紧密的花头和密集的绿叶，蓝色和白色的花团锦簇，株高可达50—75厘米。

4 Zonal Pelargoniums
马蹄纹天竺葵，老鹳草

天竺葵的适应性很强，是很坚韧的品种。它们喜欢干热的环境，自初夏至结霜不停开花，只要有遮蔽就能顺利越冬，或者可以干脆把它们拔出来吊养在室内。天竺葵有太多不同的花色和叶形可供挑选，也很方便购买更换。作为替选，可以买切花。

喜阴植物

小花园的空间往往会被周围的高楼、围墙或者外伸的树木过分遮挡，有些一年到头都被挡严，有些能短暂地晒到阳光，还有些只是局部被遮住。建筑物在阻挡阳光的同时也遮挡了风雨，所以其实适合在小片阴暗处（潮湿或干燥都行）生长的植物种类比人们想象得更多。

喜阴植物往往长着很大的叶片以便进行光合作用，它们的花大多色彩柔和，而香气在狭小空间中却显得格外悠远。喜阴植物的布景通常都会很有美感——也许是苍翠枝叶静静环绕着庭院水景，抑或是幽暗角落中忽然探出一朵浅花。

幽影主题（上）
八角金盘和玉簪属植物是温湿荫凉区域的中坚力量。

城市丛林（对页）
在庇荫的城市区域也可以打造出丛林的感觉。

精选品种

常绿灌木特别适合用于填充阴影区域。城市中的暗部往往比较湿润，遮风挡雨而且不会上霜，特别适合山茶属植物。它们光滑的叶片在暗影中反射着粼粼微光，碗形的花瓣在四季变换的叶色映衬下显得更加生动美丽。

多年生植物中，我最偏爱长着形状别致的革质叶片的心叶岩白菜，以及有着四季常绿的长尖叶片的红籽鸢尾和短葶山麦冬。青篱竹属植物适合种植在任何干燥、遮风挡雨的阴暗处，它们修长挺拔的身姿与蕨类卷曲的复叶形成有趣的对比。蔓延开来的杂交银莲花（日本银莲花）顶着俏丽的花朵，精致优雅。百合属植物则可以盆栽，艳丽的花朵展示着异域风情，清香阵阵让人心旷神怡。

如果暗影区域总是很潮湿，比如位于大树的滴水线下，可以种植叶片硕大的掌叶大黄和大叶蚊塔，营造“热带雨林”般的感觉。除此之外，适合潮湿区域的灌木还有八仙花、川西荚蒾和皱叶荚蒾。玉簪属植物需要充足的水分，也是庇荫处布景时不可或缺的选择（但要注意驱除蜗牛）。

1 **Bergenia 'Abendglut'**
岩白菜

岩白菜是一种耐寒的多年生植物。隆冬季节，它自宽大的革质叶片中抽出粗壮的花葶，及至春天便缀满粉红色的钟形花朵。岩白菜叶片硕大，是非常好的地被植物，高度及展幅均在30—45厘米范围内。

2 **Dicksonia antarctica**
软树蕨，塔兹马尼亚树蕨

树蕨长相奇特，我还不是太了解它们。尽管更偏爱雨林环境，在温和的气候中它们也可以保持四季常青。树蕨株高可达3—4米。

3 **Mahonia aquifolium**
十大功劳，俄勒冈葡萄

这种坚韧的小型常绿灌木在春天开满浅黄色的花朵，在秋季则会结出蓝黑色的浆果，很适合用作干燥庇荫区域的地被。它适应性较强，也可以被种植在露台之类的无遮蔽区域。它通常的高度及展幅约为1米×0.6米，最高可长至1.8米。

4 Polystichum setiferum
刺毛耳蕨，软鳞毛蕨

蕨类是不可不提的喜阴植物。他们羽状的复叶和弯曲呈弓形的茎，让各种不规则的缝隙角落充满朦胧的美感。最常用的是那些常绿的蕨类，比如图示这种。成株高度及展幅约为1.2米×1米。

5 Convallaria majalis
铃兰，山谷百合

铃兰喜湿润庇荫环境，叶片简洁，花朵清秀，在春日里散发出优雅的芳香。铃兰通常株高15—30厘米。

4

5

6 Helleborus argutifolius 齿叶嚏根草

齿叶嚏根草又名科西嘉嚏根草，是一种很漂亮的植物。冬末春初，苹果绿的花蕾自碧绿的爪形叶片中抽出，充满了结构美感。齿叶嚏根草高度及展幅约为1米×0.6米。

7 Aucuba japonica‘Salicifolia’ 东瀛桃叶珊瑚，日本月桂

即便是最干燥阴暗的角落，东瀛珊瑚那油绿的叶片和浅红色的浆果也能带来一抹生机。某些变种如洒金桃叶珊瑚更喜爱半阴的环境。东瀛珊瑚对污染的适应度较高，特别适合城镇花园。它的高度及展幅约为1.5米×1.2米，最高可长至3米。

8 Liriope muscari 短葶山麦冬，百合草

短葶山麦冬是一种耐寒的常绿多年生植物，可以盆栽放置在狭小的庇荫处，也可以作为优良的地被植物。它在初秋时分开花，雅致的叶丛中抽出高高的花葶，上面缀满细碎的滴状花簇。短葶山麦冬株高可至30厘米。

9 Euphorbia amygdaloides var. robbiae 扁桃叶大戟，木大戟

这种大戟喜爱生长在荫凉干燥的区域，它圆形的叶片四季常绿，交错在一起好像一条纹理漂亮的毯子，春季还会铺满黄色的花朵。扁桃叶大戟的高度及展幅约为45厘米 × 45厘米。

10 Anemone x hybrida‘Honorine Jobert’ 杂交银莲花，白头翁

我非常喜欢杂交银莲花，它的花型简洁，花茎长而优雅、叶片大方，适合于半阴处养殖。杂交银莲花寿命很长，不过一旦妥善种下最好就不要过多干扰它的自然生长。图示品种盛开着白色的单花，株高约为1.5米。

开阔地带植物

种植在屋顶、露台和高处窗台上的植物完全暴露在环境中，往往要承受比地面植物厉害得多的风吹日晒和严寒。大风不仅直接冲击植物，更会导致它们生长的土壤变得干燥——烈日也会进一步加剧失水。然而，还是有一些植物可以适应这样严酷的环境。如果使用栅栏、帆布风挡或者杜松之类适应力强的灌木略作遮蔽，许多植物也可以扛过一季乃至更长。

盆栽（大多数可在地面种植的植物都是盆栽）所能够提供的养分和水分都有限，这就需要使用养分充足、保水性更好的堆肥，并且要常常浇水。

热带宝石（上）
扇形的棕榈可以忍受炎热和干旱，但不喜霜冻或过多的风。

长期种植

生命力顽强的灌木品种可以顺利存活较长时间，还能给人们以及其它不太耐寒的植物遮风挡雨。那些适应了荒野、山区、海边等开阔环境的品种都值得关注。染料木族（金雀儿属、染料木属、鹰爪豆属）的植物都很坚韧，此外还有荆豆族植物、各种石楠、常绿以及“常灰”的草本植物、大多数的松柏，还有很多草植。开阔地带的攀缘植物貌似也善于抵御大风，可以选择一些落叶品种（往往比常绿品种更顽强），比如五叶地锦属（维吉尼亚爬山虎）和忍冬属（金银花），或者也可以用常春藤属之类适应性较强的常绿攀缘植物。

季节性种植

很多植物都能够在露台、窗台或屋顶挺过一季，如果有所遮挡并受到精心照顾就更是如此。将春夏季开花的鳞茎植物和一年生植物混合栽种在花盆中，为花园带来一抹艳丽的季节性色彩。从最小的蓝雏菊属到生机勃勃的金光菊属以及我一直以来最爱的白色大滨菊，有着雏菊般花朵的植物大多生命顽强。

1 Cytisus nigricans 变黑金雀儿

金雀儿是一种直立落叶灌木，开满扫帚一样的黄花，喜酸性土壤，可以忍受恶劣的环境。它高度及展幅约为1米 × 1米，最高可长至1.5米。

2 Hippophae rhamnoides 沙棘，海鼠李

沙棘是一种很有个性的大型灌木，既耐盐碱又抗风，冬季仍然挂满银白色的叶子和橘红色的浆果。沙棘通过风媒授粉，因此应当把一株雄树和一两株雌树栽种在一起。它的高度及展幅约为1.8米 × 3米，最高可长至4米。

3 Viburnum betulifolium 桦叶荚蒾

所有的荚蒾都很好养，它们生命力顽强，最早的记录可以追溯到白垩纪。很多品种的荚蒾会开出散发着甜香的花朵，还有一些则在秋季结出极具观赏价值的浆果。

4 Santolina pinnata ssp. neopolitana ´Sulphurea´
绵杉菊，黄银香菊

这种低矮的常绿灌木有着精致的银灰色叶子，仲夏至夏末开满黄颜色的花朵，株高可至45厘米。

5 Olearia x haastii
哈氏榄叶菊，雏菊木

哈氏榄叶菊是一种很好养的常绿植物，抗风，喜阳，适合任何土壤。花期自七月开始，白色的花朵簇拥成堆。哈氏榄叶菊的高度及展幅约为1.2米 × 1.2米。

6 Spartium junceum
鹰爪豆，西班牙金雀儿

鹰爪豆的茎看起来好像灯心草，几乎没有叶子，整个夏天都开满了豌豆状的淡金色花朵，散发着蜂蜜般的香甜气息。鹰爪豆喜轻质土壤或石灰岩土，株高可至2.5米。

7 Lupinus arboreus
高大羽扇豆，树鲁冰花

这种常绿灌木生长迅速，生机勃勃，花期自初夏至夏末，豌豆状的花朵呈金黄色。黄花高羽扇豆，株高约为1.5米。

8 Escallonia‘Iveyi’
白花南鼠刺，南鼠刺

很多南鼠刺品种的株型都很散乱，但图示品种看起来却显得积极向上。它是一种常绿灌木，花期在8月，光滑的深色叶片搭配着白色的花朵，高度及展幅约为1.5米×1.5米，最高可长至2.7米。

9 Euphorbia polychroma
多色大戟，大戟

这是一种引人注目的有趣植物，它春天铺满金黄色的花朵，秋天又变得像珊瑚般五彩斑斓。成株高可至38厘米。

乡村风格种植

乡村花园往往给人们留下起伏平缓、色彩柔和、清香悠远、平静闲适的印象。不难理解，那些每日穿梭在住宅小区和繁忙街道中、过着喧嚣的城市生活的人们，同样渴望能把自己小小的庭院布置得好像田园一般。

有很多植物能唤醒乡村花园般的感觉，下文仅列举一些我最喜欢的品种。这些植物可以混合种植在花坛里，就好像一幅田园风格的壁毯；也可以仅取一两株盆栽，给门阶、阳台或露台带来一抹乡村风情。

田园混搭（右）
城市里精心搭配的丰富色彩也可以散发出浓郁的田园情调。

乡村双骄（下）
藤本蔷薇和毛地黄是布置乡村花园的核心。

打造乡村美景

真实的乡村花园乍一看显得颇为轻巧乃至随性，但这“肉体”的表象是构筑在“骨架”上的，小径、墙壁、拱门等其它硬件元素搭配上轮廓鲜明的种植结构能够有效防止种植计划变得乱七八糟。即使在一个很小的城镇空间，如果花圃种植的是黑种草、羽扇豆属、翠雀属之类本身结构不鲜明的植物，同样需要使用诸如长椅、雕塑等永久性景观加以强调，也可以搭配诸如常绿灌木墨西哥橙花、迷迭香和鼠尾草等有鲜明轮廓的植物。这样布置的田园景色即使在各种一年生和多年生植物争芳吐艳时也能显得宁静而不浮躁，并且在冬季的月份里依旧能显得饱满而不乏趣味。

丰满是乡村花园的魅力之一，各种植物攀满了墙壁，又或自花圃中满溢出来。只要放任自体播种植物自碎石或路面裂隙中顽强生长，或者用攀缘植物铺满墙面和栅栏，人们就可以在最小的空间中创造出这种景色。

不要妄想用“昔日”风格的人造物品，赋予你的都市“乡村花园”一种“旧世界”式的多愁善感，因为这会立刻让花园显得忸怩做作。利用好“乡村”植物的颜色、气味、纹理以及本土特色才是更好的选择。

1 Alchemilla mollis
羽衣草，女士斗篷

羽衣草是一种随处可见的小植物，但无论是它们那可以捕捉雨滴的叶片，还是初夏开放的泡泡状的黄绿色花朵，都一样漂亮。羽衣草是很好的自体播种植物，高度及展幅约为50厘米 × 75厘米。

2 Rubus‘Benenden’
悬钩子

悬钩子是单花月季的近亲，并且同样容易成活，它的花期在夏季，纯白的花瓣簇拥着金黄色的花蕊。成株高度及展幅约为2米 × 2米。

3 Angelica archangelica
欧白芷，天使草

这种可爱的植物来自草本花园，有着峨参一样的穹顶状花冠，花期自初夏至夏末。欧白芷是一种二年生植物，株高约2米。

4 Fritillaria meleagris
花格贝母，蛇头贝母

我一直觉得贝母挺难栽种的，它们需要肥沃而又排水良好的土壤，多见于草场而非绿化带，也许可以尝试盆栽。贝母的花期在春季，钟形的花朵带着点点斑驳，精致而美丽。贝母株高约25厘米。

5 Leucanthemum x superbum
白色大滨菊，莎斯塔雏菊

白色大滨菊是一种耐寒的多年生植物，非常适合别墅风格的绿化带。它需要充足日照，雏菊形状的花朵在七八月份盛开，高度及展幅约为1米 × 0.6米。

6 Eschscholzia californica
花菱草，加州罂粟

花菱草基本每年都会自体繁殖，一旦撒下种子就会一直存在。它的花期自早春至中秋，黄色和橙色的花朵高举在披有茸毛的蓝灰色叶子之上，带来一种闲适的感觉。花菱草的株高约35厘米。

3
4
5
6

7 Syringa villosa
红丁香，丁香

红丁香是一种枝叶茂密、蓬勃向上的灌木，花期在晚春时节，圆锥花序的花朵呈玫紫色。红丁香喜全日照，适合大多数土壤，株高可至1.8—3米。

8 Verbascum ‘Gainsborough’
毛蕊花

毛蕊花的花期自6月至夏末，灰绿色的基生叶呈莲座状螺旋上升，从中高高升起柠檬黄色的花序。毛蕊花的株高约为1.2米。

9 Nigella damascena
黑种草，朦胧的爱

黑种草是一种受老派人士青睐的一年生植物。它的花期在初夏或仲夏，披有茸毛的绿叶衬托着玫瑰花结般的蓝色花朵，素雅动人。黑种草的高度及展幅约为50厘米 × 25厘米。

10 Achillea 'Moonshine'
"月光"西洋蓍草，欧蓍草

多年生植物，只要有良好的土壤，无论在阳光充足或半荫处皆可生长。它有着灰绿色的叶子和银白色的长茸毛，夏日绽放出一簇簇硫黄色的扁平小花。图示杂交品种株高约60厘米。

11 Ros 'Constance Spry'
"风采连连看"英国月季，爬藤月季

只要满足生长条件，藤本蔷薇特别适合作为别墅花园场景的重要组成部分。"风采连连看"品种的花期在仲夏时节，浅粉色的花朵沿着藤茎绽放，散发出阵阵浓郁的末药香味。英国月季的株高可至约1.8米。

12 Echinops ritro
硬叶蓝刺头，球蓟草

硬叶蓝刺头形状规整，非常适合作为绿化带的背景。在夏末的花期到来之前，它那深裂的叶片披着蛛丝状的绵毛，能够从春季开始提供观赏价值。硬叶蓝刺头的株高约为75厘米。

造型植物

富有鲜明造型的植物在园艺中就好像一个惊叹号或者戏剧性的停顿。它们的茎叶或枝条形状展现出强烈的整体形态，可以被单独强调局部，也可以在一片松散的混合种植中作为结构性主干。

“为松散的混合种植提供结构性主干。”

多样的效果

造型植物的形态各有不同，它们可以起到的效果也千变万化。地中海柏木（意大利柏木）轮廓纤细优雅，在城市景观和天际线的映衬下分外引人注目；欧洲红豆杉（爱尔兰杉）略显粗犷，但也能起到同样的作用。灌木中的八角金盘和熊掌木都可算作造型植物，两者皆可盆栽并且叶色艳丽，特别适合城市地区。墨西哥橙花有着欢快的圆形轮廓，如果想要锐利的剪影则应选择丝兰和新西兰麻。具有造型功能的多年生植物包括玉簪属和岩白菜系各品种。不像其它多年生植物只有在转瞬即逝的花期才显得亮眼，玉簪属和岩白菜系植物聚集成一丛，非常醒目，可以让杂乱的植物群落显得有序而稳定。叶片形状分明的攀缘植物，如朝气蓬勃而富有观赏性的山葡萄和所有大叶的常春藤属植物，让各种立面变得不再千篇一律。

赏叶景观（左）
银绿色的聚星草叶片组成近景，
掩映着后方的新西兰麻。

1 Rhus typhina
火炬树，鹿角漆树

有着羽状复叶的火炬树枝干虬曲，落叶后它那鹿角般的枝杈就更加引人注目。火炬树的高度及展幅通常约为3.5米 × 5米，经过多年生长后株高可达8米。

2 Rodgersia podophylla
鬼灯檠，牛角七、老蛇莲

这种多年生植物有着宽达30厘米的巨大叶片，顶生圆锥形花序，花色形似奶油。鬼灯檠喜湿，可以和燕子花之类竖立的湿地植物形成鲜明的对比。鬼灯檠的高度及展幅约为1米 × 1.2米。

3 Choisya ternate‘Sundance’
“光舞”墨西哥橙花

墨西哥橙花属于常绿灌木，这种金黄色的品种轮廓略呈圆形，可以给四季的花园带来一种微妙的愉悦节奏。墨西哥橙花的叶色金黄而带有光泽，晚春时节又可以观赏到大簇芬芳的白色花朵。它可以适应光照或半阴的环境，但需注意遮风。墨西哥橙花的高度及展幅约为1米 × 1米，株高最高可达1.8米。

4 Cordyline australis Purpurea Group
澳大利亚朱蕉，甘蓝树

朱蕉外形挺拔，有着长长的剑形叶片，有种刺破平庸的冲击感。朱蕉通常的高度及展幅约为2.4米×2米，经过多年生长后株高可达5米。

5 Juniperus scopulorum
落基山刺柏

如果因空间局限无法栽种地中海柏木（意大利柏木），你也许可以尝试下落基山刺柏。它的株型紧凑，株高不超过2.5米。

6 Phormium cookianum
山麻，新西兰亚麻

山麻有着长剑般的叶片，形体壮观。它叶长约1米，略小于新西兰麻，也没有后者适应力强。

7 Taxus baccata‘Fastigiata’
欧洲红豆杉，爱尔兰杉

这种原生树种能够适应大多数土地和环境，相比刺柏能够形成更加浓重的垂直基调。欧洲红豆杉可以修剪成树篱，一般株高可至2米，其中金黄色的品种相对稍小。

8 Allium hollandicum
大花葱

这种多年生的球茎植物在晚春时节会开出紫粉色的球形花朵，尤其是在成片种植的时候特别引人注目。大花葱的株高可至1米。

9 Melianthus major
大叶蜜花，蜜灌

大叶蜜花是一种半耐寒灌木，它长着漂亮的蓝灰色叶子，夏末时分绽放出奇特的棕红色花朵，株高可至3米，但每年冬天都可以修剪截短。

禾草植物

虽然蒲苇属和虉草属的植物早在爱德华时期园林中就已经出现，但是相较而言禾草只不过是花园风景中的新人。要用好草植不是件简单的事，如果你在已经种好的草本植物或者混合种植区的边缘地带补种上某种特殊的草植，希望让整片草丛漂亮起来，那么这样做并不能起到什么作用。草植适合密集栽种，偶尔可间杂着其他多年生植物。

生长环境

用草布置花园的风气来自欧洲大陆以及美国北部的大草原地区。这些地方都是大陆性气候，夏季炎热干燥，冬季寒冷多雪，与英国温和潮湿的季节性气候非常不一样。在英国，很多草植质地过于柔软，尤其是在改良的土壤环境中。我发现在夏季中期的风暴中很多草都会被吹倒，等到了秋季，本该展示出最佳状态的草丛反而没什么观赏性，包括紫菀属、景天属、黄雏菊属植物都是如此。在没有修整过的土地上，草倒是长得很壮观——可是对于小花园来说，即使是最大的小花园也无法容纳这种土地和栽种方法。

优雅的牧草（左）
这种牧草（针茅属）属于密丛生植物，其优雅的银白色花序如画笔般从被压成拱形的花茎上垂下来。

1 Cortaderia selloana
蒲苇

蒲苇的草丛比较蓬乱，夏季草丛中会长出高高的银白色圆锥花序，非常漂亮。曾一度被广泛用作观赏植物，不过现在有了更加优美的替代品种，如果一起种植，观赏效果会更好。其高度及展幅为1米×1米。

2 Arundo donax var. versicolor
花叶芦竹，芦苇

这种能长到2米高的草可能最适合自然生长，如果长得太大，对于小空间来说就会显得不堪重负。杂色品种不如原种耐寒，但是形态更为壮观。

3 Pennisetum alopecuroides
狼尾草，狗尾巴草

这种丛生草有丰富的花序，高约60—80厘米。叶片呈线性向外辐射，秋季转为金色。夏末有棕红色圆锥花序，形如狐狸尾巴。

4 Miscanthus sinensis ´Silver Feather´
“银羽”芒，芒草

这种柱状牧草有着长条形的叶片，高大直立的茎杆顶端竖着银米色的扇形圆锥花序。成株高约2米。

5 Stipa capillata
针茅，羽毛草

细长的拱形丛生茎叶上垂下长长的银白色花序，到了秋季花序会转为深色。针茅需要种在温暖的向阳处，夏末开花。植株高约60厘米。

3

4

5

6 Helictotrichon Sempervirens
欧洲异燕麦

这种牧草有着浅蓝灰色的拱形茎叶，花序形似同色燕麦。成株高约1.2米。这个高度的草很有利用价值。

7 Carex elata ´Aurea´
金碗苔草，金莎草

这种明亮的金色莎草有簇状的棕色花序。喜阳，喜湿润土壤。适合在水边栽种。成株高约60厘米。

8 Festuca valesiaca var. glaucantha ´Silver Sea´
瑞士羊茅变种，银色羊茅

这是蓝色禾草中最蓝的一种，须成丛栽种才能展示出最佳效果。可以与长生草属、百里香属、石竹属等植物形成对比。需要充足光照及干燥的土壤。成株高约23厘米。

可修剪成形的灌木及其他植物

虽然将花木修剪成形会给人以17世纪乡村花园的印象，但是大到修成金字塔型的紫衫，小到尖顶的黄杨树，今日的花木修剪在都市小空间中依然有其存在的意义。花木修剪后整齐的形状非常适合用来贴合并模糊人造环境里各种清晰的边界线。

花木修剪风格

在单色墙面之类单调的背景衬托下，我们可以将修剪成各种形状的植物摆放在一起形成戏剧化的展示效果，或者将这些植物各自独立地摆放在能够强调花园整体设计的位置上。简洁的几何形状比复杂的雕塑造型更加适合在小空间中使用。如果摆放的位置在建筑边上，何不修剪成与建筑结构（哪怕是窗户的形状也可以）相呼应的造型呢？

20世纪的斯堪的纳维亚园林中，饰边植物会被修剪整齐，对空间进行强有力的线性划分，并与其它造型自然而松散的植物形成鲜明对比。当你将这一理念运用到小空间中时，可以修剪出树篱，比如用黄杨树，构成简单的图案，并且辅以比较素净的背景，比如浅色沙砾或者外形比较温和的植物。花木修剪适宜用造型简单的花盆来做搭配，这样最容易出彩，因为花盆装饰性太强则会使人分散注意力。这样一来，即使空间很小，哪怕只是门口几步台阶或者狭窄的过道，修剪后的植物都可以为空间增添戏剧性的味道。

照料植物

大部分修剪后的植物都需要大量养分，而且随着新芽陆续被修剪干净，植物对于养分的需求会越来越大，因此必须使用肥沃的堆肥，并按时浇水。要将植物摆放在阳光充足的地方以促进生长，同时注意避免强风。

绿色雕塑（左）
这个传统的孔雀造型植物让人印象深刻。

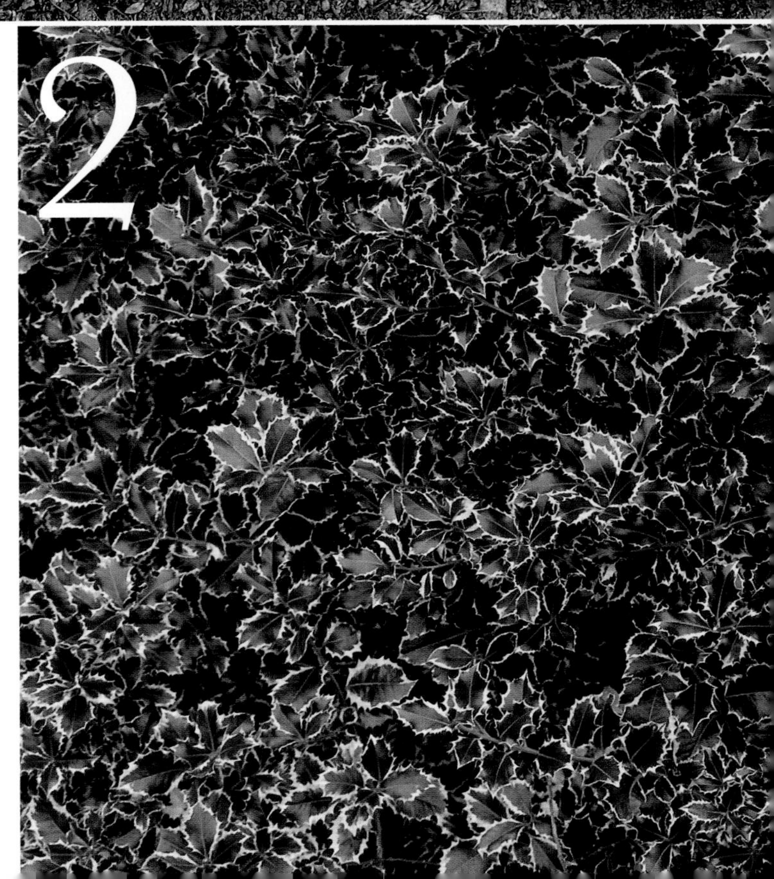

1 Buxus sempervirens
锦熟黄杨，黄杨

黄杨树光滑的深绿枝叶可以为花朵提供完美的背景。图中修剪成球形的黄杨树沿着岩白菜栽种在花坛边缘，形成了树篱。黄杨可以任其自由生长，也可以修剪成型。

2 Ilex aquifolium
枸骨叶冬青，普通冬青

冬青生长得不快，所以如果采用冬青做修剪花木，你不需要经常进行修剪。剪枝时要去掉会结果子的花序，不过有些变种本身就具有强烈的造型感。

3 **Ilex crenata**
钝齿冬青，日本冬青

本品种冬青叶片小而光滑，生长非常缓慢。如果修剪得较少，可以结出光亮的小黑果。可以广泛使用。

4 **Fagus sylvatica**
欧洲山毛榉，普通山毛榉

作为篱笆，山毛榉非常漂亮，但是对于小花园来说太大了点。虽然为落叶乔木，但是它可以在冬天仍然保有较多树叶，在低垂的日光下熠熠生辉。

5 **Crataegus monogyna**
单子山楂，英国山楂

山楂坚韧耐寒，是树篱的好材料，也可以修剪成漂亮的造型。在任何地方都能栽种。

6 Pyracantha spp.
火棘属，火棘

我很喜欢火棘在夏初开出的小白花，以及之后在夏末至秋季这个长长的挂果期中结出的黄色、橘色或者红色的小浆果。火棘可以搭配格架形成引人注目的遮挡墙。火棘属植物曾经饱受梨火疫病困扰，不过一些新的品种似乎已经解决了这个问题。

7 Carpinus betulus ´Hornbeam´
“角树”欧洲鹅耳枥，普通鹅耳枥

与山毛榉类似，鹅耳枥也能在冬天留住叶子。其枝叶较山毛榉来的稍微密集一些，在欧洲大陆被当做修剪花木广泛应用。

8 Ligustrum spp.
女贞属，女贞、水蜡树

这是一种生长力旺盛的树种，能使周围的地面变得贫瘠。不过水蜡树易于修剪且生长迅速。

6

7

8

水景植物

无论是最微型的水景还是最隆重的水景，都可以通过在水中及水边进行种植而增强效果。我不提倡在小空间花园中重现自然中的池塘景色（包括水景及植物），因为这样做会留下人工雕琢的痕迹，反而显得不自然。

在水中种植

水面面积越小，种植的数量和品种就越受限制。在水池中仅种单一一种植物，可以达到强烈的效果。如果你有大花缸，可以在每个缸里种上不同的植物。鸢尾花、莎草和剑兰的竖直茎叶可以用来与平静的水面形成对比。叶子能漂浮在水面的植物，更给人以宁静平和的感觉。

如果空间大小允许，可以将水平和竖直形态的植物结合起来运用。在水边种植呈直立或者是拱形形状的植物，可以为喷水柱中喷出的水柱或者从滴水口流下的水流提供视觉上的平衡。

漂浮的水生植物应当种植在篮子或者小花盆里，比如睡莲。水边植物（能在浅水中生长）也适宜用同样的方法种植，并且需要放在高度适宜的水下台阶上。

在水边种植

水边的植物可以用来模糊水景与花园其他部分的分界线，从而将水面的氛围延伸开去，同时还能在水面形成倒影。枝叶繁茂的植物，比如玉簪属、蕨类以及竹子都是喜欢潮湿的植物，天生适合在水边种植。如果水景周围的地面并不潮湿，那就将植物种在容器中，并勤浇水。

空间入侵者（右）
人们喜欢用有叶子富有造型感的水生植物，但是这里秋露田菾（Petasites japonicus var. giganteus）宽大的圆形叶面显得出格了一些。小花园中用黄菖蒲会更加可控一些。

1 Alisma plantago-aquatica
泽泻，水泽

这种浅水生植物细长的茎杆将宽披针形的叶子高高挺出水面。花茎细长，高约50厘米，花朵小而白，在夏日里聚集成一片朦胧背景衬托出如大蕉般的叶子。

2 Iris pseudacorus cvs.
变种黄菖蒲，黄菖蒲

这是一株茂盛而有活力的无须鸢尾属植物。“杂种”黄菖蒲没有这么茂密，花的颜色为浅浅的米黄色。

3 Nymphaea ´Virginalis´
“佛琴娜莉斯”白睡莲，睡莲

睡莲纯白的锥形花瓣与其深绿色的叶子形成鲜明对比。虽然睡莲生长时间很长，但是付出的耐心是有回报的，因为这个品种有着比其他睡莲更长的花期，经常能有四个多月。一株这个品种的睡莲可以伸展至约2米宽。它可以从水下生长到90厘米高。

3

4 Nymphaea 'Escarboucle'
"红纱"睡莲，睡莲

这种睡莲有着浓烈的色彩（花瓣深红色，花药深黄色，叶子暗绿色），因而不宜与其他水生植物一起栽种，适合单独观赏。单株睡莲能覆盖约2米见方的水面，因此应栽种在中型以上的水池中。在水中，它可以向下扎根至约45厘米深的地方，一旦成活，盛花期可以从夏季一直延续到初秋。

5 Hydrocleys nymphoides
水金英，水罂粟

水罂粟花朵呈黄色，栽种在木盆中，能让人觉得神清气爽。栽种时，需要将土填至盆的四分之三处，剩余四分之一为水。

6 Acorus calamus 'Variegatus'
花叶菖蒲，香蒲

这一丛剑形的叶子与光滑平静的水面形成了鲜明的对比。香蒲是水边植物，可在浅水中生长。成株高约1米。

4

5

6

7 Hosta lancifolia
狭叶玉簪，玉簪花

这个品种的玉簪有着会反光的暗绿色叶子，夏末时会开出淡紫色的花，花序很长。适宜在略微湿润的环境栽种，但不能种在水中。

8 Lysichiton americanus
黄花水芭蕉，西部臭菘

早春时分，黄花水芭蕉的佛焰苞※徐徐展开，露出美丽的换色花朵，随后长出如水桨般宽大的叶子，令人印象深刻。它需栽种在阳光充足的泥地或浅水中。其高度及展幅约为1.2米 × 1.5米。

9 Caltha palustris
驴蹄草，沼泽金盏花、立金花

沼泽金盏花有着典型的毛茛属花序，每年早早地就开花了。另有白色和重瓣品种。这种植物适宜栽种在稍大一些的湿润区域，成株高度及展幅约为50厘米 × 60厘米。

※译注：“佛焰苞”为天南星科植物特有，其肉穗花序被形似花冠的总苞片包裹，此苞片被称为“佛焰苞”，因其形似庙里面供奉佛祖的烛台而得名。（来自百度百科）

致谢

这是我第一次对自己以前写的书进行改版。人们总说新的经历是有意义的，但是我觉得自己的经历非常痛苦。虽然我能开心地说，在现在看来，之前写的文字大部分也没问题，但是有一些看起来已经过时已久的东西是需要删除的。

我首先要感谢戴维·兰姆，谢谢他让我恢复了活力。谢谢安德鲁·米勒恩以及桥水图书公司的团队唤醒了我。其实他们唤醒的其实是这本书，并且做得非常成功，书是由DK出版社出版的。最后，我要感谢我的个人助理克劳迪娅·墨菲，她用她神奇的电脑重新处理了我用原始方法新增的文本和图注。

我还要感谢为了这本书的艺术表现形式作出贡献的图片版权所有人以及设计师们。我希望所有的设计师都已一一列明，但不可避免的是总有一些人可能会被遗漏。如果有此类情况，我在此致歉。

如果有人希望雇佣园艺设计师，请访问园艺设计师协会网站（http:/www.sgd.org.uk）。

图片与设计版权所有人

2—3页 Marianne Majerus摄影：设计：Alastair Howe Architects；**4页** 左图**花园收藏**/Liz Eddison：设计：Jack Merlo，Fleming's Nurseries，澳大利亚；**4页** 右图 **Steve Gunther**：设计：Judy Kameon，美国；**5页** 左图 **花园曝光图片库**：设计：Fiona Lawrenson；**5页** 右图 **John Glover**；**7页 John Brookes**；**9页 Steve Gunther**：设计：Judy Kameon，美国；**10页** Spike Powell/**elizabethwhiting.com**；**11页 Jerry Harpur**：设计：Steve Martino，美国；**12—13页 Marianne Majerus摄影**：设计：Ruth Collier；**14页 花园收藏**/Liz Eddison：设计：Jack Merlo，Fleming's Nurseries，澳大利亚；**14—15页 花园收藏**/Liz Eddison：设计：Kate Gould；**16页 花园收藏**/Gary Rogers：设计：Monika Johannes & Malte Droege-Jung；**17页** 下图 **Steve Gunther**：设计：Paul Robbins，美国；**17页** 上图 **Red Cover.com**/Andreasvon Einsiedel；**18—19页 Marianne Majerus摄影**：Claire Mee Designs；**19页 花园曝光图片库**：Bakers Garden/Gerhardt Jenner；**20—21页 Clive Nichols**：设计：Bob Swain，Seattle，美国；**22页 Leigh Clapp**：设计：Darryl Mappin；**23页 Red Cover.com**/Amanda Turner；**24页 Clive Nichols**：设计：Charlotte Sanderson；**25页** 左图 **Jerry Harpur**：设计：Fergus Garret；**25页** 右图**Red Cover.com**/Polly Farquharson；**26—35页 John Brookes**；**37页 Marion Brenner**：设计：Anni Jensen，加利福尼亚州，美国；**38—39页 Steve Wooster**：设计：Ben McMaster；**40—41页 Steve Wooster**：设计：Luciano Giubbilei；**42页 Steve Wooster**：设计：Di Firth，新西兰；**43页** 上图 **花园收藏**/Liz Eddison：设计：Marney Hall；**43页** 下图 **花园曝光图片库**；Victoria Kerr，Wilts；**44—45页 Modeste Herwig**：设计：Jos V. D. Lindeloof；**46页 Red Cover.com**/N Minh& J Wass；**47页 John Brookes**；**48页 Marion Brenner**：设计：Stephen Suzman，加利福尼亚州，美国；**49页 Gil Hanly**：设计：Sophie Henderson，Haumoana，霍克斯湾，新西兰；**50页** 上图 **Marion Brenner**；Von Hellens；**50页** 下图 **Nicola Browne**：设计：Ted Smyth，新西兰；**51页** 上图 **Nicola Browne**：设计：Ted Smyth，新西兰；**51页** 下图 **Clive Nichols**：设计：Alison Wear和Miranda Melville；**52—53页 Gil Hanly**：设计：Ben McMaster，新西兰；**54—55页 DK图片**/Steve Wooster；Room 105 Design Partnership，切尔西花展；**55页** 左图 **Colin Walton**：www.marniemoyle.co.uk；**55页** 右图 **花园收藏**/Marie O'Hara；**56页** Di Lewis/**elizabethwhiting.com**；**57页** 左图 **Nicola Stocken Tomkins**：West Green House Cottage，Hants；**57页** 右图 **Clive Nichols**：设计：Sarah Layton；**58页 Nicola Browne**：设计：Kristof Swinnen；**59页 Arcaid.co.uk**/Richard Powers/Daniel Marshall Architect，新西兰；**60页 Derek St Romaine**：设计：Alistair Davidson；**61页 花园曝光图片库**：设计：The Plant Room；**62—63页 John Brookes**；**64页 Marianne Majerus摄影**：设计：Marie Clarke；**65页 Marianne Majerus摄影**；**66页** 下图 **Leigh Clapp**：Owner：Johnathan Sunley，设计：Jamie Higham，Greendot花园；**66页** 上图 **Marianne Majerus摄影**：设计：George Carter；**67页** 上图 **John Brookes**；**67页** 下图**Nicola Stocken Tomkins**：设计：Capstick/Saddington/2004；**69页** 右上图，右下图 **John Brookes**；**69页** 左上图，左下图 **Colin Walton**：设计：John Brookes；**70—73页 Colin Walton**：设计：John Brookes；**74—75页 Brian T. North**：设计：John Brookes；**77页** John Brookes；**78—79页 Brian T. North**：设计：John Brookes；**80—83页 Colin Walton**：设计：John Brookes；**84—85页 DK图片**/Geoff Dann；**85页 John Brookes**；**86—89页 DK图片**/Geoff Dann；**91页 Clive Nichols**：设计：Joe Swift & Thamasin Marsh；**92—93页 花园曝光图片库**：设计：Joe Swift，为Sue Dubois设计；**94页 Jerry Harpur**：设计：Christoph Swinnen，Belgium；**95页 Steve Wooster**：设计：Nigel Cameron；**96页** 左下图，右下图 **John Brookes**；**96页** 右上图 **Philip Kerridge of Landscape Definitions**；**98—101页 Philip Kerridge of Landscape Definitions**；**102—105页 John Brookes**；**106页** 左上图 **Leigh Clapp**；**106页** 左下图 **Leigh Clapp**：设计：Peter Fudge，Gardening 澳大利亚；**106页** 右下图 **花园曝光图片库**：设计：Van Sweden Design，华盛顿；**106页** 右上图 **Red Cover.com**/Hugh Palmer；**107页 Nicola Browne**：设计：Steve Martino，美国；**108页 Leigh Clapp**；**109页** 上图 **Colin Walton**；**109页** 下图 **Anne Green-Armytage**：Kent Design；**110页 花园收藏**/Liz Eddison：设计：Bob Purnell；**110—111页 Colin Walton**；**111页** 左下图**Colin Walton**；**111页** 右图 **花园收藏**/Liz Eddison：设计：David MacQueen，Orangenbleu；**112页** 左图 **Nicola Browne**：设计：Trudy Crerar；**112页** 右图 **Andrew Lawson**：设计：John Brookes Altamont；**113页 Nicola Browne**：设计：Ross Palmer；**114页** 右图 **Henk Dijkman**：设计：Martien Koelemeijer；**114页** 左图 **Jerry Harpur**：设计：Roberto Silva，为Amanda Foster，Putney设计；**115页 花园曝光图片库**：设计：Joe Swift，为Sue Dubois设计；**116—117页 www.helenfickling.com**：设计：Amir Schlezinger，Mylandscapes，London；**117页 Henk Dijkman**：设计：Haneghembv.；**118页 John Glover**：设计：Allison Armour Wilson；**119页 Clive Nichols**：设计：Fiona Lawrenson，1997切尔西花展/Artist：John Simpson；**120页** 下图 **DK图片**/Steve Wooster：设计：Jack Merlo，Fleming's Nurseries，Australia；**120页** 上图 **花园收藏**/Liz Eddison：设计：Christopher Bradley-Hole，2005切尔西花展；**121页** 左图 **Arcaid.co.uk**/Alan Weintraub：设计：Isay Weinfeld，Brazil；**121页** 右图 **Leigh Clapp**：设计：Peter Fudge/Gardening，澳大利亚；**122页 花园收藏**/Jonathan Buckley：设计：Jackie McLaren，西林园，伦敦；**123页** 下图 **Andrew Lawson**；**123页** 上图 **Derek St Romaine**：设计：Rob Jones，Mathew Stewart，Ben Gluszkowski，2003塔顿公园；**124页** 右下图 **Arcaid.co.uk**/Alan Weintraub/Nathaniel and Margaret Owings，美国；**124页** 左下图 **Marion Brenner**：设计：Andrea Cochrane Landscape Architecture，加利福尼亚州，美国；**124页** 左下图 **Clive Nichols**：设计：Patrick Wynniat-Husey和Patrick Clarke；**124页** 右上图 **View Pictures**/Philip Bier；**125页** 右图 **Nicola Browne**：设计：Ross Palmer；**125页** 左图 Bruce Hemming/**elizabethwhiting.com**；**126页 Clive Nichols**：设计：Stephen Woodhams；**127页** 上图 **Andrew Lawson**：设计：Anthony Noel；**127页** 下图 **Marianne Majerus摄影**；**129页 Marianne Majerus摄影**：设计：George Carter；**130页 Derek St Romaine**：设计：Andrew Anderson；**131页 Sunniva Harte**；**132页** 右图 **John Glover**：Sharon Osmund，Berkeley，加利福尼亚州；**132页** 左图 **Jerry Harpur**；Bertholt Vogt，London；**133页 Jerry Harpur**：设计：Philip Roche，为Arlene Mann设计；**134页** 左图 **Leigh Clapp**；

Taylor Cullity Design；134页 右图 View Pictures/Philip Bier；136页 Colin Walton；136—137 Jerry Harpur：设计：Christina Lemehaute，Buenos Aires；137页 Jerry Harpur：设计：Christopher Masson；138页 上图 Nicola Browne：设计：James van Sweden，美国；138页 左下图 Clive Nichols：设计：Sarah Layton；138 右下图 Clive Nichols：设计：Bill Smith和Dennis Schrader，长岛，美国；140页 Marianne Majerus摄影：设计：Paul Gazerwitz；140—141页 Steve Wooster：设计：Luciano Giubbilei；142页 John Glover；143页 左图 www.helenfickling.com：设计：Amir Schlezinger，Mylandscapes，伦敦；143页 右图 Marianne Majerus摄影：设计：Susanne Blair；144页 上图 Nicola Browne：设计：Ross Palmer；144页 下图 Marianne Majerus摄影：设计：Christopher Bradley-Hole；146页 左图 John Glover：设计：Steven Crisp；146页 右图 Andrew Lawson：设计：Camilla Shivarg；147页 左图Arcaid.co.uk/Nicholas Kane/Sakula Ash Architects；147页 右图 Nicola Browne：设计：Kim Wilkie；148页 右图 John Glover：设计：Susy Smith；148页 左图 View Pictures/Paul Raftery；150页 花园曝光图片库；151页 左上图，右上图 John Glover；151页 左下图 Jerry Harpur：设计：Annie Fisher，美国；151页 右下图 John Glover：设计：Andrea Parsons，1997切西尔花展；152页 John Glover；153页 Marianne Majerus摄影：设计：Jill Billington；154页 花园收藏/Gary Rogers：设计：Monika Johannes和Malte Droege-Jung；155页 上图 花园收藏/Liz Eddison：设计：Kay Yamada；155页 中图 Marianne Majerus摄影：设计：Natalie Charles，Merrist Wood，2002切西尔花展；155页 下图 Modeste Herwig：设计：Buro Vis a Vis；157页 花园曝光图片库：设计：Fiona Lawrenson；158—159页 Derek St Romaine：设计：Philip Nash；159页 www.helenfickling.com：设计：Amir Schlezinger，Mylandscapes，伦敦；160页 Colin Walton；160—161页 Steve Wooster：设计：Nigel Cameron，新西兰；161页 Colin Walton：设计：赖特花园公司，英国；162页 右上图 Colin Walton；162页 左上图 www.helenfickling.com：设计：Andrew Duff，2004切尔西花展；162页 左下图 Anne Green-Armytage；Shirley Gilbert，诺福克郡；162页 Derek St Romaine；163页 Jerry Harpur：设计：Graham McCleary of Natural Habitat，为Pierre and Sue Legrange设计，新西兰；164页 Marianne Majerus摄影：The Surprise Gardeners，2002切尔西花展；165页 Jerry Harpur：设计：Topher Delaney，加利福尼亚州，美国；166页 下图 Arcaid.co.uk/Richard Bryant；166页 上图 Steve Wooster：设计：Ted Smyth. Architect，Ron Sang，新西兰；167页 上图 Colin Walton；167页 下图 Jerry Harpur：设计：Jenny Jones；169页 右上图 Arcaid.co.uk/George Seper；BELLE/Stephan and Simon Rodrigues，澳大利亚；169页 右下图 Colin Walton；169页 左下图 www.helenfickling.com：设计：Raymond Jungles，Inc，The Keys；169页 左上图 花园曝光图片库；170页 上图 Colin Walton；170页 花园收藏/Liz Eddison；170页 下图 Maurice Nimmo/Frank Lane Picture Agency/CORBIS；171页 左上图 花园收藏/Liz Eddison：设计：Jane Mooney，2002汉普顿庭院花展；171页 上图 花园收藏/Michelle Garrett；171页 右上图 花园收藏/Liz Eddison：设计：Jill Brindle，2005塔顿公园花展；171页 左中图 花园收藏/Liz Eddison：设计：Hannah Genders，2004切尔西花展；171页 左下图 花园收藏/Gary Rogers；171页 右下图 花园收藏/Liz Eddison：设计：Ali Ward；172页 Clive Nichols：设计：Clive and Jane Nichols；173页 Derek St Romaine：设计：Andrew Yates，'Out of the Woods'，2003塔顿花园花展；174页 左图 Colin Walton；感谢Doreen Armstrong，由Olive Gillespie设计；174页 右图 Marianne Majerus摄影：设计：Claire Mee Design；175页 上图 Leigh Clapp：设计：Allison Armour-Wilson；175页 下图 花园收藏/Jonathan Buckley：设计：Paul Kelly，Church Lane，伦敦；176页 上图 Steve Wooster：设计：The Living Earth Company，1998艾勒斯利花展，新西兰；176页 中图 Leigh Clapp：设计：Greendot Garden；176页 下图 John Brookes；177页 Nicola Browne：设计：Ross Palmer；178页 上图，中图 Colin Walton；178 页 下图 Jefferson Smith，用于Gardenlife杂志；179页 Jefferson Smith，用于Gardenlife杂志；180页 Jerry Harpur：设计：Kanlzue，Japan；181页 Gil Hanly：设计：Chris Gloom；182页 上图 www.helenfickling.com：设计：Catherine Mason；182页 下图 Leigh Clapp：Cherry Mills花园设计；183页 左图 Marion Brenner：设计：Bob Clark，加利福尼亚州，美国；183页 右图 Gil Hanly：Julie Nicholson，Auckland，新西兰；184页 Steve Wooster；185页 花园曝光图片库；186—187页 Anne Green-Armytage；Shirley Gilbert，诺福克郡；187页 Nicola Browne：设计：Isabelle Greene；188页 左图 花园收藏/Liz Eddison；188页 右图 Clive Nichols：设计：Joe Swift & Thamasin Marsh；189页 John Brookes；190页 上图 Modeste Herwig：设计：Landvast，佛罗里达州，2002；190页 中图 Arcaid.co.uk/David Churchill/Architects：Sticklandcoombe.com；190页 下图 Clive Nichols：设计：Joe Swift &Thamasin Marsh；191页 Modeste Herwig：设计：Jan v. d. Kloet，为Frenkel Frank设计；192页 左上图 Andrew Lawson；192页 左下图 Nicola Browne：设计：Trudy Crerar；192页 右上图 Colin Walton：设计：John Elliott；192页 右下图John Glover：设计：Karen Maskell，2000汉普顿庭院花展；193页 左图 Andrew Lawson：设计：Kim Jarrett和Trish Waugh，2004切尔西花展；193页 右图 Karl-Dietrich Buhler/elizabethwhiting.com；194页 左图 Andrew Lawson：设计：Ryl Nowell，Wilderness Farm；194页 右图 John Glover：设计：Maggie Howarth，2004切尔西花展；195页 John Glover：设计：Barbara Hunt；197页 左上图 花园曝光图片库：设计：Sam Woodroofe，Modular Gardens；197页 右上图 花园曝光图片库；197页 左下图 John Glover：Fair Oaks，加利福尼亚州；197页 右下图 John Glover：设计：Huw Cox，2003汉普顿庭院花展；198页 上图 David Lamb；198页 中图 John Brookes；198页 下图 Marianne Majerus摄影：设计：Bunny Guinness；199页 左上图 David Lamb；199页 上中图 Nicola Browne：设计：LUT. British Embassy，华盛顿；199页 右上图 Sunniva Harte；199页 右中图 Clive Nichols：设计：Alison Wear Associates；199页 右下图 Nicola Browne：设计：Ulf Nordfjell；199页 左下图 Derek St Romaine：设计：Cleve West；200页 Clive Nichols：设计：Tony Heywood，Conceptual Gardens，'The Drop'；201页 花园收藏/Liz Eddison：设计：Jackie Knight；202页 上图 花园曝光图片库：设计：Joe Swift，The Plant Room；202页 左下图 花园收藏/Gary Rogers：设计：Monika Johannes和Malte Droege-Jung；202页 右下图 John Glover；203页 左上图 Rodney Hyett/elizabethwhiting.com；203页 右上图Marianne Majerus摄影：设计：Peter Chan；203页 下图 Marianne Majerus：设计：Gardens and Beyond；204页 上图 Clive Nichols：设计：Blakedown Landscapes；204页 下图 Andrew Lawson：设计：Courseworks，Mitsubishi，2001汉普顿庭院花展；206页 上图 www.helenfickling.com；206页 中图 Nicola Browne；206页 下图 花园收藏/Jonathan Buckley：设计：Paul Kelly；207页 左上图 Nicola Browne：设计：Isabelle Greene；207页 右上图，左下图，中下图 Colin Walton；207页 左中图 花园收藏/Marie O'Hara；207页 右下图 花园收藏/Liz Eddison；208页 Arcaid.co.uk/Alan Weintraub/John Lautner，美国；209页 左图 www.helenfickling.com：设计：Amir Schlezinger，Mylandscapes，伦敦；209页 右图 Leigh Clapp：Kingcups Garden；211页 左上图 Colin Walton；211页 右上图 花园收藏/Jonathan Buckley：设计：Diarmuid Gavin；211页 下图 John Glover：设计：Grant和Tatlock，汉普顿庭院花展；212页 上图 Nicola Browne：设计：Ross Palmer；212页 左下图 Marianne Majerus摄影：设计：Gardens and Beyond；212页 右下图 Marion Brenner：设计：Andrea Cochrane Landscape Architects，加利福尼亚州，美国；213页 Sunniva Harte；214页 Modeste Herwig：设计：Duotuin；215页 左图 花园收藏/Liz Eddison：设计：Michelle Brown；215页 右图 Marion Brenner；216页 Clive Nichols：设计：Peter Reid，Hampshire；217页 左图 Nicola Browne：设计：Ted Smyth，新西兰；217页 右图 花园收藏/Liz Eddison：设计：Katie Hines and Steve Day；218页 左图 花园曝光图片库：Keukenhof Gardens，The Netherlands；218页 右图 John Glover：设计：Guy Farthing，2002汉普顿庭院花展；219页 左图 花园收藏/Liz Eddison：Folia Garden设计；219页 右图 花园曝光图片库；220页 Henk Dijkman：设计：Haneghembv.；221页 Leigh Clapp：设计：Philip Nash；222页 上图 花园曝光图片库；222

页 下图 Steve Wooster；223页 花园收藏/Gary Rogers：设计：Monika Johannes，Malte Droege-Jung；224页 左上图，右上图 Colin Walton；224页 左下图 花园收藏/Liz Eddison/设计：David MacQueen，Orangenbleu；224页 右下图 Clive Nichols：设计：Amir Schlezinger，Mylandscapes，伦敦；225页 左图 Clive Nichols：设计：Charlotte Sanderson；225页 John Brookes；226页 左图 花园收藏/Marie O'Hara；226页 右图 John Glover：设计：Stephen Woodhams，1997切尔西花展；227页 左图 花园曝光图片库：Heronswood；227页 右图 John Glover：设计：Stephen Woodhams，1997切尔西花展；229页 Marianne Majerus摄影：设计：Susanne Blair；230页 Colin Walton；231页 上图，左图 John Glover：设计：Landart，2000汉普顿庭院花展；231页 右上图 Derek St Romaine；231页 左下图 Leigh Clapp：设计：Anthony Tuite；231页 右下图 John Glover：设计：J Baille；232页 上图 Leigh Clapp：设计：Jill Fenwick；232页 下图 花园收藏/Derek Harris；233页 Colin Walton：设计：Ryl Nowell，Cabbages and Kings；234页 左上图 John Glover：艺术家：Marion Smith；234页 右上图 Derek St Romaine：设计：Liz Robinson，2003汉普顿庭院花展"花园的世界"；234页 Clive Nichols：艺术家：Pat Volk/Hannah Pescher Gallery，Surrey；235页 Clive Nichols：设计：David Harber；236页 花园收藏/Liz Eddison；237页 Marianne Majerus摄影：设计：Julie Toll；238页 Marianne Majerus摄影：Claire Mee设计；239页 左图 花园曝光图片库：Gennets，Napa Valley，加利福尼亚州；239页 中上图Nicola Stocken Tomkins：设计：T Dann和S Beadle，2004切尔西花展；239页 右上图 花园收藏/Liz Eddison：设计：Julie Zeldin；239页 中下图 花园曝光图片库：Thompson Brookes；239页 右下图 Leigh Clapp；240页 Di Lewis/elizabethwhiting.com；241页 Clive Nichols：设计：Peter Reid，Hampshire；242页 左图 Michael Dunne/elizabethwhiting.com；242页 右图 Steve Wooster：Liz Morrow；243页 左图 Jerry Harpur：设计：Steve Martino，凤凰城，美国；243页 右图 Marianne Majerus摄影；244页 Marion Brenner：Bernard Trainor Design Associates，加利福尼亚州，美国；245页 上图，中图 www.garpa.co.uk +44 (0) 1580 201 190；245页 下图 Photolibrary.com/Marion Brenner；246页 www.garpa.co.uk；247页 上图 Nicola Browne：设计：Kim Wilkie；247页 下图 www.garpa.co.uk；248页 www.garpa.co.uk；249页 上图，右下图 www.garpa.co.uk；249页 左下图 Colin Walton；250页 左图 Clive Nichols：设计：Joe Swift & Thamasin Marsh；250页 右图 Andrew Lawson：设计：Dan Pearson；251页 Marianne Majerus摄影：设计：Paul Cooper；252页 花园收藏/Liz Eddison：设计：Shirley Roberts；253页 上图 Clive Nichols：设计：Alison Wear Associates；253页 左下图 Modeste Herwig：设计：Buro Vis a Vis；253页 右下图 Derek St Romaine：设计：Philip Nash/Robert van den Hurk；255页 Marianne Majerus摄影：设计：Sally Brampton；256页 花园曝光图片库：设计：James Hitchmaugh，谢菲尔德市；257页 Derek St Romaine；258—259页 Anne Green-Armytage；261页 Sunniva Harte：设计：Michele Barker；262页 上图 Nicola Browne：设计：Kristof Swinnen；262页 下图 Leigh Clapp；Merriments Garden；263页 John Glover：设计：Fiona Lawrenson；264页 DK图片/Roger Smith；265页 上图 DK图片/Roger Smith；265页 左下图 DK图片/Andrew Lawson；265页 右下图 DK图片/Eric Crichton；266页 左上图 DK图片；266页 右上图 DK图片/Eric Crichton；266页 左下图 DK图片/Steve Wooster；266页 右下图 DK图片/Anne Hyde；267页 上图 DK图片/Andrew Lawson；267页 下图 DK图片；268页 DK图片；269页 左图 DK图片/James Young；269页 右图 DK图片/Andrew Lawson；270页 上图 DK图片；270页 下图 DK图片/Roger Smith；271页 左图 DK图片/Roger Smith；271页 右图 DK图片/Juliette Wade；272页 左图 DK图片/Jonathan Buckley；272页 右图 DK图片/Eric Crichton；273页 DK图片；274页 左图 DK图片/Roger Smith；274页 右上图 DK图片/Eric Crichton；274—275页 下图 DK图片/Steve Wooster；275页 上图 DK图片/Deni Bown；275页 右下图 DK图片/John Glover；276页 上图 DK图片/Andrew Henley；276—277页 下图 DK图片/Roger Smith；277页 DK图片/Roger Smith；278页 左图 DK图片/Roger Smith；278页 右图 DK图片/Andrew Lawson；279 页 DK图片；280页 DK图片/James Young；281页 左图 DK图片/John Glover；281页 右图 DK图片；282页 左图 DK图片/Roger Smith；282页 右图 DK图片/Howard Rice；283页 左图 DK图片；283页 右图 DK图片/Roger Smith；284页 左图 DK图片/Roger Smith；284页 右图 DK图片/Andrew Butler；285页 DK图片/Andrew Lawson；286页 上图 DK图片/Roger Smith；286页 下图 DK图片；287页 上图 DK图片/Roger Smith；287页 下图 DK图片/Andrew Lawson；288页 Marianne Majerus摄影：设计：Brita von Schoenaich，2000切尔西花展；289—290页 DK图片；291页 上图 DK图片/James Young；291页 下图 DK图片；292页 Clive Nichols：Laurent-Perrier Harpers & Queen Garden，2001切尔西花展；293页 上图 DK 图片/Neil Fletcher；293页 左下图 DK图片；293页 右下图 DK图片/Colin Walton；294页 DK图片/Roger Smith；294页 左下图 DK图片；294页 右下图 DK图片/Howard Rice；295页 上图 DK图片/Andrewde Lory；295页 左下图 DK图片；295页 右下图 DK图片/Sarah Cuttle；296页 Janet Johnson；297页 上图 DK图片/Howard Rice；297页 左下图 DK图片；297页 右下图 DK图片/Sarah Cuttle；298页 上图，左下图 DK图片；298页 右下图 DK图片/Eric Crichton；299页 DK图片 /Neil Fletcher.；300 John Glover：设计：Smith和Alder，2004汉普顿庭院花展；301页 左上图 DK图片；301页 右上图 DK图片：Jerry Harpur；301页 左下图 DK图片/Roger Smith；302页 上图 DK图片/James Young；302页 下图 DK图片；303页 左上图 DK图片；303页 右上图 DK图片/Andrew Lawson；303页 左下图 DK图片/Howard Rice；303页 右下图 DK图片/Peter Anderson；304页 Jerry Harpur：Cloudehill，Olinda，Victoria，澳大利亚；305页 www.helenfickling.com：设计：Amir Schlezinger，Mylandscapes，伦敦；306页 DK图片；307页 上图 DK图片/Roger Smith；307页 下图 花园图片库/NouN；308页 John Glover：1991切尔西花展"每日快报"；309页 Jerry Harpur：设计：Peter Nixon，Paradisus Design，悉尼，澳大利亚；310页 上图 DK图片/Roger Smith；310页 下图 DK图片；310—311页 Nicola Browne：设计：Ross Palmer；311页 左下图 DK图片/Roger Smith；311页 右下图 DK图片/Eric Crichton；312—313页 DK图片；314页 Derek St Romaine：设计：Philip Nash，为Robert van den Hurkp设计；315页 左上图 DK图片/Eric Crichton；315页 右上图 DK图片；315页 下图 DK图片/Peter Anderson；316页 上图 DK图片/Clive Boursnell；316页 下图 DK图片；316—317页 DK图片；318页 Marianne Majerus摄影；319页 Andrew Lawson：设计：Dipika Price；320页 DK图片；321页 上图，左下图 DK图片；321页 右上图 DK图片/John Glover；321页 右下图 DK图片/Eric Crichton；322页 左上图 DK图片/James Young；322页 右上图 DK图片/Beth Chatto；322页 下图 DK图片；323页 上图 DK图片/James Young；323页 下图 DK图片；324页 Jerry Harpur：设计：James Fraser，为Biddy Bunzle设计；325页 上图，左上图 DK图片；325 Marianne Majerus摄影；325页 下图 Garden World图片；326页 左上图 DK图片/James Young；326页 右上图 花园收藏/Marie O'Hara；326页 下图 DK图片/Colin Walton；327页 左上图 花园图片库/Marijke Heuff；327页 右上图 DK图片；327页 下图 DK图片/Roger Smith；328页 Steve Wooster：设计：Gordon Collier；329页 左图 DK图片/Roger Smith；329页 右图 DK图片；330页 左图 DK图片/John Fielding；330页 上图 DK图片/Howard Rice；330页 右下图 DK图片/John Glover；331页 上图，左下图 DK图片/Howard Rice；331页 右下图 DK图片/James Young；332页 花园图片库/Janet Seaton：设计：Charles Carey；333页 上图 DK图片；333页 下图 DK图片/Colin Walton；334页 左上图 DK图片；334页 右上图 花园世界图片；334页 下图 DK图片/Deni Bown；335页 上图 John Glover；335页 左下图 花园收藏/Liz Eddison：设计：Chris Beardshaw，2004汉普顿庭院花展；335页 右下图 花园图片库/Clive Nichols；336—337页 花园图片库/Ron Sutherland；338—339页 DK图片；340页 DK图片；341页 上图 DK图片；341页 左下图 DK图片/Beth Chatto；341页 右下图 DK图片/Eric Crichton